CARTA DE UMA ORIENTADORA

CARTA DE UMA ORIENTADORA

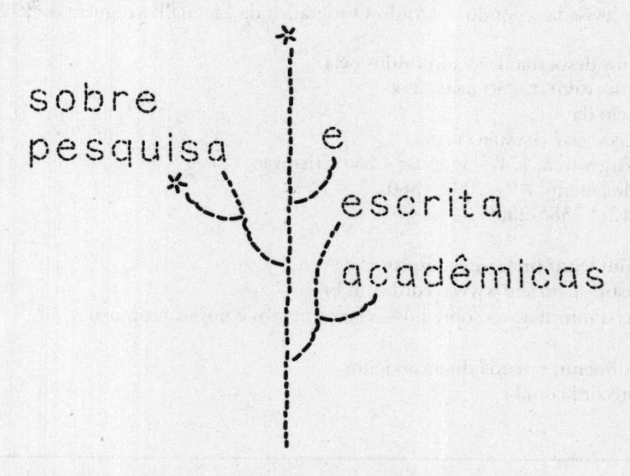

DEBORA DINIZ

***

4ª edição

Rio de Janeiro
2024

Design de capa: Hana Luzia

Tipografia de capa: Mix Stitch (Mikko Sumulong) e Elza (Blackletra)

Tipografia do miolo: Adobe Garamond Pro

Impressão: Sistema Cameron da Divisão Gráfica da Distribuidora Record

Texto revisado segundo o Acordo Ortográfico da Língua Portuguesa de 1990.

Direitos desta tradução adquiridos pela
EDITORA CIVILIZAÇÃO BRASILEIRA
Um selo da
EDITORA JOSÉ OLYMPIO LTDA.
Rua Argentina, 171 – 3º andar – São Cristóvão
Rio de Janeiro, RJ – 20921-380
Tel.: (21) 2585-2000.

Seja um leitor preferencial Record.
Cadastre-se no site www.record.com.br
e receba informações sobre nossos lançamentos e nossas promoções.

Atendimento e venda direta ao leitor:
sac@record.com.br

CIP-BRASIL. CATALOGAÇÃO NA PUBLICAÇÃO
SINDICATO NACIONAL DOS EDITORES DE LIVROS, RJ

D61c Diniz, Debora
Carta de uma orientadora : sobre pesquisa e escrita acadêmica / Debora Diniz. - 4. ed. - Rio de Janeiro : Civilização Brasileira, 2024.

ISBN 978-65-5802-150-6

1. Projeto de pesquisa. 2. Pesquisa - Metodologia. 3. Redação acadêmica. I. Título.

CDD: 371.422
24-92045 CDU: 37.048

Gabriela Faray Ferreira Lopes – Bibliotecária – CRB-7/6643

Impresso no Brasil
2024

À matilha.

Escrevo no feminino. Não quero ofender a gramática, menos ainda você. É só uma tentativa de fazer a conversa mais próxima. A referência a "orientandas", "orientadoras", "professoras" e "autoras" não exclui pessoas com outras identificações ou pronomes. Evito os sinais gráficos, pois podem ser barreiras para a leitura digital ou para a inclusão de pessoas que se relacionam com o texto escrito pela escuta. Vale seguir a norma, revirar a norma pelo avesso, ou só fugir um pouco do senso comum.

SUMÁRIO

PREFÁCIO À NOVA CARTA

Se você leu versões anteriores desta carta, acredite, aqui há mais do que repetição do já escrito. Tive a ousadia de reescrever cada linha. É um novo livro que carrega o anterior como memória.[1] A circulação do livro me ensinou que falar de iniciação à escrita e à pesquisa acadêmicas é alinhavar pedacinhos que parecem soltos: falo de projetos, tempos e ritmos, escrita, grupos de pesquisa e relações acadêmicas. Foram as leitoras e, principalmente, as centenas de milhares de participantes dos cursos virtuais que me mostraram o que ainda precisava ser dito.

Desde a publicação da carta em formato de livro, nós mudamos como orientadoras e orientandas da comunidade acadêmica. Somos mais diversas, buscamos acolher novas formas de conhecer, explorar e comunicar as pesquisas. Sobrevivemos à pandemia de covid-19, em que o tempo e o espaço das relações foram chacoalhados sobre qualquer pretensão de normalidade.

---

[1] Debora Diniz. *Carta de uma orientadora: o primeiro projeto de pesquisa*. Brasília: LetrasLivres, 2008.

Ao reescrever este livro, trago comigo os aprendizados dos meses de confinamento e espero ter também me transformado na relação de acompanhante da escrita e pesquisa de outras pessoas. Sim, ser uma orientadora é ser uma escutadeira, uma editora, mas essencialmente uma acompanhante.[2] Falarei de cada uma dessas habilidades de uma orientadora neste livro.

Eu prefiro chamar este livro de "carta" e, por isso, retomo novamente o estilo epistolar de quem conversa com alguém. Certas escritoras contam que escrevem seus livros sem imaginar a audiência; comigo é diferente. Eu conheci centenas de leitoras desta carta, e muito do que escrevo veio do que aprendi com elas. A minha imaginação sobre quem elas seriam foi ampliada – se antes seriam leitoras das humanidades, hoje recebo comentários de gente com pesquisa distante de meus exemplos. Os mais recentes foram de pesquisadoras da física, da música e da medicina veterinária. Apesar de saber que diversas leitoras lerão esta carta, eu continuo insistindo em exemplos de minhas próprias pesquisas ou de sua vizinhança, isto é, parto de um campo específico sobre como se faz pesquisa e se escrevem textos. E faço isso por familiaridade e porque posso me revirar de cabeça para baixo sem ofender ninguém.

Como orientadora, esta carta começou a ser desenhada como um diário de encontros e registro das respostas que eu oferecia às perguntas que se repetiam a cada chegada de orientandas.

---

[2] O lugar da escutadeira foi trabalhado nos doze verbos do livro escrito por Ivone Gebara e por mim, *Esperança feminista* (Rio de Janeiro: Rosa dos Tempos, 2022). Os verbos percorrerão a narrativa desta carta e, se achar útil para seguir meu pensamento, leia-o também. Eu o entendo como um livro sobre como construir lentes para pensar os marcos analíticos.

Comecei a responder as dúvidas de cada recém-chegada: escrevia mensagens por e-mail, mas depois passei a materializá-las em pedacinhos de papel. Percebi que me repetia nos bilhetes, singularizando as respostas que deveriam ser compartilhadas: eu reduzia o encontro de orientação a uma relação individualizada, ao invés de torná-lo coletivo. Lentamente, a carta foi se desenhando sob a forma de repetidas respostas às dúvidas, e eu fui ampliando o grupo de destinatárias. As mensagens passaram a ser lidas por minhas orientandas e pelas orientandas de minhas colegas. Foi aí que tive a certeza de que as inquietações, e também as angústias, eram compartilhadas por muitas pessoas que se descobriam repentinamente como pesquisadoras ou autoras acadêmicas. Curiosamente, a carta acalmava mais do que minha presença: a carta poderia ser lida, ou até mesmo estudada, e na solidão do pensamento. Era a extensão de um encontro.

Minhas primeiras leitoras sentiram tensões, alegrias e angústias ao lerem esta longa carta. Algumas me ameaçaram de abandono, outras se sentiram mais confiantes com o palavreado. Muitas riram sozinhas, e depois zombamos juntas de minha falsa firmeza sobre as regras do ritual acadêmico. Ao menos no texto, represento o papel mais difundido das orientadoras – alguém que não entende atrasos, não gosta de preguiça e se aborrece caso você seja copista das palavras de outras pessoas. Um segredo: não fuja, nem me leve tão a sério na carta. Eu e sua orientadora merecemos a chance de lhe apresentar as regras como se nós não fôssemos as acompanhantes de seu funcionamento. Peço-lhe uma cautelosa proximidade com esta carta – eu escrevo para você, mas sua orientadora será alguém ainda mais competente do que eu, porque foi ela quem você escolheu para o posto. Isso facilitará o estranhamento de algumas passagens do texto. Sua orientadora poderá dar cores e texturas diferentes a alguns de meus conselhos ou sentenças.

É certo que outras orientadoras são também leitoras desta carta – e foram minhas colegas que me mostraram isso. Elas tomaram a carta para si: apropriaram-se para também anunciar as boas-vindas para as suas orientandas. Houve uma experiência de comunalidade na autoria, o que me fascina. Mesmo sabendo dessa experiência comum, eu não mudei a minha destinatária nesta carta: é a você, que vive o começo da experiência de pesquisar, escrever ou se relacionar com uma orientadora. Eu insisto em me manter no tempo do começo, pois ele me permite ser faladeira, repetir detalhes ou coisas que eu mesma ignorei como importantes de serem ditas. Assim, agradeço às minhas colegas orientadoras, porém, insisto que a destinatária é você, a orientanda.

Eu recebi muitas cartas, resenhas acadêmicas e comentários nas redes sociais sobre versões anteriores deste livro. Ofereci cursos on-line sobre o seu conteúdo com centenas de milhares de participantes.[3] Li com atenção tudo o que me

---

[3] Banquinha foi uma série de videoaulas, com participação do público, aberta e gratuita, no Instagram e no YouTube, realizada durante os meses da pandemia de covid-19. Os vídeos estão disponíveis em minha conta pessoal de Instagram (@debora_d_diniz) e no canal de YouTube da Anis – Instituto de Bioética. Farei referência a muitos deles, mas como são 201 vídeos no total, tome esse universo digital como complementar. Há muita coisa que pode ser útil para a leitura deste livro. Os vídeos somam mais de um milhão de visualizações. O título "banquinha" veio de "banca", uma expressão nordestina para "aulas depois das aulas da escola", algo como uma "professora particular". Foi um

alcançou. Preciso confessar que não tinha ideia de como esta carta circularia e faria sentido para tanta gente. Nessa passagem por leitoras tão diferentes, aprendi sobre as ausências do que escrevia e sobre trechos que pediam mais cuidado na escrita. Fiz uma curadoria do que cabia e incorporei nesta versão. Dou dois exemplos entre vários que espero que você identifique como novidades.

A primeira edição do livro é do início dos anos 2010, momento em que as ferramentas de inteligência artificial ainda eram rudimentares. A carta falava pouco sobre o uso de recursos digitais, com uma breve menção crítica à Wikipédia, à urgência em aprender como usar os gerenciadores de bibliografia na escrita acadêmica ou os aplicativos de caça-plágio.[4] A realidade mudou, e há um universo fascinante nas ferramentas digitais, repleto de questões éticas e pedagógicas. Há, como você pode imaginar, desafios em escrever sobre inteligência artificial, pois citar ferramentas é estar datada em um passado, dada a rapidez com que são transformadas. Para escapar dessa armadilha, falarei das possibilidades de uso de ferramentas de inteligência artificial, suas maravilhas técnicas e entraves éticos, mas sem me preocupar em fazer uma listagem de recomendações baseadas em um cardápio

título bem-humorado e despretensioso, no diminutivo, para os encontros de domingo nos meses de confinamento.

[4] Gerenciadores de bibliografia são aplicativos que possuem interface com sua plataforma de escrita para auxiliá-la nas referenciações bibliográficas ou citações. Há vários gerenciadores gratuitos, como o Zotero, e outros pagos. Recomendo que você consulte sua orientadora para utilizar o mesmo gerenciador de bibliografia do grupo de pesquisa do qual fará parte.

de opções que rapidamente se torna obsoleto. Quando citar ferramentas digitais, como acabo de fazer com o gerenciador de bibliografia, mencionarei as que utilizo, mas as tome como exemplos de um universo diverso e mutante.

Falei pouco sobre plágio e questões de integridade acadêmica em escrita e pesquisa nas versões anteriores desta carta. Eu tinha uma razão pessoal para isso: escrevia um livro sobre o assunto.[5] Equivocadamente, pensei que o tema poderia ser coberto no outro livro e, na carta, bastariam breves menções ao tema. Porém, há outras razões para escrever mais sobre plágio aqui: a questão ganhou novos contornos com as ferramentas de inteligência artificial e a dureza com que escrevi que você seria abandonada se plagiasse pedia mais nuances. Há vários tipos de eventos a serem classificados como plágio, nem todos têm a mesma intencionalidade, magnitude ou consequência. Os eventos persistentes de perseguição às mulheres na ciência por acusações de plágio pediam mais atenção na reflexão e na escrita.

Preciso contar que desapareci com umas poucas coisas que havia escrito. Uma delas foi o cronograma que acompanhava ao final de versões anteriores deste livro. Ele me parecia estranho: como uma carta com tom pessoal trazia também páginas com tabelas e compromissos? Eu não sabia como enfrentar a questão dos prazos e produtos sem falar da importância de conhecer o seu próprio tempo, o tempo da orientadora, do grupo de pesquisa e da instituição acadêmica

[5] Debora Diniz; Ana Terra. *Plágio: palavras escondidas*. Brasília/Rio de Janeiro: LetrasLivres/Editora Fiocruz, 2014.

em que você estuda. Há o tempo da pesquisa, o da escrita, o da revisão e o do descanso. São fragmentos de prazos e tarefas para um curto intervalo da graduação, do mestrado ou do doutorado. Acredito que quase todas as leitoras desta carta usem ferramentas digitais ou calendários em papel para organizar compromissos e para planejar o tempo da escrita – tentarei trabalhar com a materialidade preferida por cada uma de vocês. Mas, se mesmo assim tiver curiosidade sobre as tabelas mirabolantes de cronograma das versões anteriores, você as encontrará facilmente nas redes virtuais.

A minha motivação para escrever uma carta foi a de falar das obviedades para desmistificar ideais tolos da vida acadêmica, como os de genialidade ou ineditismo.[6] Eu também procuro criar um espaço seguro às recém-chegadas e às orientadoras. Este é ainda o tom: minha voz é afetiva, a de quem oferece um café para não deixar nenhuma orientanda perdida ou com pesadelos de desistência. Nesse movimento por acolher, fui alertada de que acabei me silenciando sobre aspectos ruins das relações acadêmicas. Não falei sobre o abuso de autoridade, sobre as relações de poder ou sobre as desigualdades que persistem no universo acadêmico. Se você viveu alguma dessas experiências, aceite minha solidariedade e respeito. Espero que esta carta possa ajudar futuras gerações a identificar os maus-tratos e ter elementos para resistir. Não se acanhe, por favor, em falar diretamente com sua

[6] Anne Fadiman ironiza a pitada de orégano na pizza como sendo um ato de criação nos livros de receita (Anne Fadiman. *Ex-Libris: confissões de uma leitora comum*. Rio de Janeiro: Jorge Zahar, 2002).

orientadora, ou outra professora de sua confiança, caso esteja vivendo alguma relação abusiva.

Os primeiros anos de circulação desta carta coincidiram com os anos em que atuei na Comissão de Ética Pública da Universidade de Brasília: com a devida cautela à confidencialidade e ao sigilo dos casos, ali vivi um concentrado de eventos e feitos sobre aspectos disfuncionais das relações acadêmicas.[7] Faço uso desse aprendizado e da escuta dos casos vivenciados por estudantes e pesquisadoras para escrever sobre relações de orientação abusivas. Ter escutado centenas de histórias de maus-tratos fez crescer minha voz sobre como não deve ser uma relação de orientação. Aqui, contarei como essa relação pode ser – haverá nuances e cores de cada orientadora sobre como vivê-la no concreto do encontro, mas tome minhas palavras como parâmetros profissionais, éticos e afetivos. Sei que estou sendo normativa, um tom que evitarei aqui.

Estranhamente, vou usar minhas primeiras palavras a você para dizer o que não deve fazer seu futuro orientador. Desculpe, eu prometi escrever no feminino, mas em raras passagens subverterei minha própria promessa. É o poder cis-masculino e racializado branco que ainda dirige laboratórios ou grupos de pesquisa, que governa institutos de pesquisa e financiamentos internacionais. Há uma mudança

---

[7] Há algumas comissões de ética nas universidades públicas: comissão de ética em pesquisa, que revisa projetos de pesquisa quanto a questões éticas, como, por exemplo, os aspectos de proteção às participantes; comissão de ética pública, que acompanha casos de violações de preceitos éticos da carreira de funcionários públicos; comissão de ética disciplinar, que acompanha casos de violações de regimentos ou regras de funcionamento da universidade e que se aplica a todas as pessoas da comunidade universitária.

geracional e histórica, mas ainda há resistência à chegada de mulheres diversas nas lideranças da pesquisa e da ciência. Um modelo de mando, controle e posse dominou a relação de orientação por muitas décadas: é um giro histórico, liderado pelas mulheres e suas interseccionalidades de vida, que oferece outros contornos a essa dinâmica. Uma relação de orientação não é de posse, domínio ou propriedade – é uma relação de ensino, troca, aprendizado mútuo, hospitalidade e ternura. Há confronto de ideias e argumentos, há desigualdade de poder, é verdade, porém, é um poder a ser habitado com respeito e admiração recíproca.

O RITUAL

Serei sua orientadora, e você participará do grupo de pesquisa que coordeno. Esta carta é uma combinação de experiência pessoal com observação etnográfica[8] sobre esse encontro – foram as leitoras que me ensinaram o que precisaria ser dito nesse momento, mas percebi que havia uma permanência ritualística no encontro. Como antropóloga, aprendi a descrever rituais, e esta carta é um recordatório do ritual chamado "orientação", que combina repetição e recriação a cada vivência. Falarei, portanto, das recorrências e dos padrões do ofício

[8] A etnografia é um método de pesquisa fascinante e familiar às antropólogas. Consiste em realizar um trabalho de campo com grupos ou comunidades das quais se deseja uma aproximação para melhor compreender eventos, práticas, crenças e valores. A etnografia exige um trabalho de campo denso, em que diferentes técnicas de pesquisa são utilizadas, sendo as mais comuns a observação, a entrevista e o uso do diário de campo. A etnografia é o método que inspira os filmes que realizei.

de orientação, e também das muitas criações que resultam de minha experiência na execução do ritual. Assim, espero que essas criações não sejam entendidas como regras absolutas sobre etapas rituais, mas como espaços livres para a elaboração individual. A verdade é que o ritual da orientação foi continuamente provocado pela minha experiência como professora de metodologia. Desde que me descobri como professora, ensino métodos e técnicas de pesquisa – um conjunto de falsos segredos sobre a arte da pesquisa, que, quando aprendidos, mostram que nossas autoras não são tão excepcionais assim, mas boas aprendizes que recriam formas de fazer quando reproduzem as receitas de sucesso da pesquisa acadêmica.

O meu lugar como orientadora é o de escutar, acompanhar e editar. É também o de cuidar. Há transitividade nessa relação, no instante em que vivemos esse encontro e ao longo da vida. Orientandas do passado são, hoje, parceiras de pesquisa, são também escutadeiras e acompanhantes umas das outras, me leem e oferecem edições aos meus escritos. Esse foi outro aprendizado nesses anos de circulação da carta: é preciso falar mais do coletivo do que de unidades de relações. Acredito que a melhor forma de viver a relação entre orientadora e orientanda é ampliando-a para o grupo de pesquisa. É desfazer a ideia de "minha orientadora", "minha orientanda", "minhas sessões de orientações", "meus dados de pesquisa" etc. Prepare-se para descobrir o encantamento do coletivo – os dados compartilhados da pesquisa, as orientações em conjunto, as leituras divididas, as edições de texto de uma para outra e de todas para uma.

Há anos, ainda mais durante os meses de confinamento pela pandemia de covid-19, construo as sessões de orientação de forma coletiva. Existimos todas juntas, algumas pesquisadoras começando a iniciação científica, outras terminando o doutorado. Há ainda as que terminaram seus títulos, são pesquisadoras experientes, querem permanecer por ali, e eu fico feliz que elas não desapareçam. Há espaço para todas. O compromisso é mútuo em transmitir o recebido e aprendido, em cuidar umas das outras em muitas direções. Assim, a relação não será entre mim e você, tornando mais complexa e ambígua o que, muitas vezes, experimentamos como a idealização da orientadora. Eu passo a ser só mais uma em um expandido de pessoas com opiniões, escutas e cuidados. Eu devo ser uma pessoa a mais no seu universo de confiança para trocar ideias e palavras. Há um lugar especial para mim, é certo, pois sou sua orientadora e, por isso, agradeço-lhe pelo convite para vivermos juntas esse encontro.

Você será a recém-chegada no grupo de pesquisa. Escrevi esta carta sem conhecê-la. Você me procurou para sermos orientadora e orientanda, um vínculo que fará parte de nossas histórias, mesmo depois de encerrado. Até entrar na universidade, esse posto de orientadora me era desconhecido. Durante um tempo, estranhei que alguém pudesse ocupar lugar tão ousado na vida de alguém. Entenda-o como transitório, apesar de permanente, se finalizado com sua titulação, seja ela de graduação, de mestrado ou de doutorado. Sim, é um paradoxo. Talvez eu venha a ser a única orientadora de sua trajetória acadêmica. Se não a única, provavelmente uma das primeiras. É em respeito a este momento tão especial em sua vida que escrevi esta carta para lhe dar boas-vindas.

UMA CARTA

Minha iniciação ao posto de "orientadora de ideias" se deu após uma longa experiência como orientanda. Como você, eu escrevi monografia de graduação, dissertação de mestrado e tese de doutorado. Escrevi livros e artigos, fiz filmes. Mas, a cada nova experiência de escrita, eu navego pelas ideias, pelos argumentos e busco as palavras de um jeito diferente. É certo que há um crescente de desenvoltura com o texto, o que é diferente de escrever com tranquilidade. Pode acontecer o contrário: à medida que avançamos na trajetória acadêmica, a busca por acertar uma palavra aqui ou um argumento ali se torna ainda mais intensa. Aproveite o momento para aprender e arriscar-se, tendo a mim como sua acompanhante.

Escrever uma monografia de graduação, uma dissertação de mestrado ou uma tese de doutorado é experimentar-se autora. Não sei para você, mas definir-me como autora ou escritora foi uma negociação interna particular. Eram lugares mais distantes de habitar do que o de ser a orientanda de alguém. Ser autora, ou, mais precisamente, ser escritora, parecia um atributo para outras pessoas, em particular para aquelas da escrita criativa ou para as mais maduras. Durante um tempo, eu me protegi imaginando que era uma questão de estágios: quando eu me doutorasse, seria uma escritora. Até chegar aí, nesse tempo futuro dos títulos, eu seria como uma aprendiz. Eu estava errada.

A monografia de graduação me fez autora. Foi um texto com minha assinatura na capa, ao lado do nome da orientadora. Imagino que esse seja um dos vários suspiros com minha carta, mas, sim, em breve você será uma autora, se já não é. Diferentemente de outros textos que escreveu para chegar aqui – os trabalhados para receber nota e ser aprovada nas disciplinas –, a monografia, a dissertação e a tese serão textos públicos e, por isso, eternos. Exceto por equívocos na escrita que exijam "retratação",[1] os textos públicos não são modificados após sua publicidade e circulação. Sei que mencionar o caráter perene de seu texto logo no início da conversa pode ser assustador, mas é exatamente por isso que as orientadoras estarão ao seu lado para pensar com você a produção de alguns deles. Como sua orientadora, eu a acompanharei.

Não há formação para ser uma orientadora, preciso confessar a você. E, talvez, seja um equívoco pensar por esse caminho, se estou certa em entender a orientação como uma relação de hospitalidade e aprendizado mútuos. Aprendemos a orientar

[1] A retratação é uma experiência desagradável na vida acadêmica. Quando um texto é retratado é porque foi identificado um erro significativo que compromete sua circulação. No caso de monografia, dissertação ou tese, os erros levam a processos éticos ou disciplinares específicos, a depender de quais problemas foram identificados.

pela experiência de termos sido nós mesmas orientandas de alguém, e pela sensibilidade sobre como se dão as relações de cuidado.[2] Eu e você sabemos como é cuidar das alegrias, incertezas ou frustrações de outra pessoa. Do meu lado, estou preparada para escutá-la e acompanhá-la, e a imagino ansiosa por essa experiência de escrita de um de seus primeiros textos acadêmicos públicos. Não repita minha fantasia de grandiosidade do passado sobre "escritoras serem as outras"; seja mais terna com você mesma. Eu a imagino como uma escritora de redes sociais, quem sabe até nos conheçamos do espaço virtual. A palavra escrita e argumentativa talvez seja parte de sua intimidade diária, como autora ou comentadora de publicações de outras pessoas. A escrita acadêmica se beneficiará dessa sua desenvoltura para a palavra, apesar de ela ter suas particularidades – iremos conversar sobre elas.

Se você escreve nas redes sociais, este é um bom começo para desinibir as mãos e chacoalhar seu filtro afetivo que admira Conceição Evaristo, Yōko Ogawa, Clarice Lispector ou Virginia Woolf como autoras. Pratique a escrita como quem exercita o corpo. As ideias precisam de dedos soltos para fluírem como nossas. Acredite que esse é um ritual que a transformará, e você aprenderá consigo mesma. Eu serei sua parceira, o grupo de pesquisa será sua comunidade – por isso, permita que eu me apresente a você por meio desta carta. A carta é um gênero que combina fatos, emoções e segredos; é

---

[2] O cuidado é uma experiência marcadamente das mulheres na distribuição social das responsabilidades. Na banquinha *O que é isso que se chama orientação?* (disponível em: <www.youtube.com/watch?v=H28JqaWtlcU>), discuti como o cuidado é central para a relação de orientação.

uma narrativa íntima, mas neste caso é também impessoal. Pode parecer paradoxal escrever uma carta para uma destinatária que ainda não se imagina quem seja. E mais estranho ainda: ela será usada por outras orientadoras que sequer a escreveram, mas que tomarão para si o conteúdo desta carta que, sim, é uma metamorfose – eu e todas as orientadoras que conheço, as minhas e todas as orientandas possíveis terão suas vozes, alegrias e angústias aqui representadas. Por isso ela é ousada e tão íntima.

A ORIENTADORA E A ORIENTANDA

Começo por descrever a mim mesma, a orientadora. Quem sou eu? Eu sou alguém que viveu essas etapas iniciais de escrita e pesquisa acadêmicas, que foi orientada por outras pessoas, e, no meu caso em particular, venho tentando refletir e escrever sobre essa posição. Acompanhei centenas de pessoas como orientadora, e não é hipérbole o que digo; sim, foram gerações de alunas de iniciação científica, graduação, mestrado, doutorado e pós-doutorado. Eu comecei a carreira de orientadora de um jeito diferente do que faço hoje: antes, eu reproduzia o modelo de relação individualizada entre orientadora e orientanda. As reuniões eram particulares, eu não cultivava canais coletivos de comunicação e partilha, não me angustiava se cada orientanda estava com um tema diferente.

Talvez, esse tenha sido o jeito de orientar em um tempo histórico, o de quando me tornei doutora, no início dos anos

2000. Mas, como sobreviventes da pandemia, e experientes em novas formas de nos relacionarmos a distância, as formas de orientar se modificaram e favoreceram uma nova escala de encontro: entre mim e você; entre nós e as outras. Mas há aspectos que não mudaram, e os imagino como comuns a todas as orientadoras. Prometo me esforçar a melhor compreender seus desejos e interesses, a ser mais delicada em editar os seus textos, a acompanhar sua trajetória acadêmica de forma a responder às suas necessidades e condições de vida. Que tal pensar o meu lugar de poder e de saber como o de uma escutadeira que terá a permissão de editar seus textos e acompanhar sua pesquisa?

Eu não ignoro que haja uma relação desigual de poder e de saber entre nós, que ultrapassa a escuta ou a revisão de seus textos. Serei sua orientadora: tenho a responsabilidade de dizer o que pode ou não funcionar como caminho de pesquisa, além de ser meu dever compartilhar com você ideias ou referências bibliográficas. Se for apropriado para você e para o grupo de pesquisa, você pode inclusive ter acesso a bancos de dados, fundos de arquivos, entrevistas, material de pesquisa coletado por outras pessoas e fazer parte desse emaranhado de pensamento que a antecede e seguirá depois de você terminar seus trabalhos. Ao mesmo tempo que tenho um dever terno de cuidado, tenho também um acumulado de conhecimento sobre dimensões da experiência acadêmica que pode facilitar sua trajetória. De meu lado, é preciso responsabilidade e justiça para o uso desse conhecimento, por isso minha insistência em fazer nossa relação a mais coletiva possível. Não serei apenas eu, a orientadora, a lhe oferecer acesso à pesquisa ou às referências bibliográficas, mas a coletividade do grupo de pesquisa é que moverá essa acomodação de participação e distribuição. Adiante falarei de você. Deixe-me só falar um pouco mais desse meu lugar de orientadora.

Outras orientadoras definirão o seu próprio papel a partir de atributos diferentes dos que listei. Talvez, não gostem do verbo "acompanhar" e prefiram "guiar"; outras poderão achar "escutadeira" passivo demais para uma relação que é de ensino e marcada pela transitividade de saber, e prefiram se imaginar no lugar de quem fala mais do que escuta. Porém, é também as orientadoras as quais eu gostaria de convidar para uma conversa sobre o nosso lugar de saber e de poder, e sobre como habitá-lo: o texto acadêmico de uma orientanda não é propriedade da orientadora. Confunde-se quem imagina que orientar é ser, necessariamente, uma coautora de um texto, principalmente quando os dados de pesquisa são partilhados por um grupo ou laboratório.[3] Eu mesma escrevi em coautoria com orientandas, mas jamais foi um extrato do texto que elas escreveram: foi uma nova construção em que ambas trabalhamos nos argumentos. Ser uma orientadora é ser uma acompanhante de escrita; ser uma coautora é ser uma cotrabalhadora de um texto. Houve casos de orientandas que escreveram em coautoria entre elas, sem minha participação.

---

[3] Há nuances do lado das orientandas também. Ser uma coletadora de dados, realizando entrevistas, por exemplo, não qualifica alguém como coautora de um texto.

Há diferenças nítidas entre ser orientadora e ser proprietária de ideias das orientandas.[4]

Dou um exemplo de como a pesquisa em grupo pode ser útil para todas e, mais ainda, de como não precisamos ter receio de outras pessoas pesquisarem no mesmo tema que deveria ser só "nosso". Em 2015, coordenei o censo nacional de manicômios judiciários, isto é, instituições no meio do caminho entre os presídios e os hospitais. Nesses lugares, estão majoritariamente homens pobres, negros, pouco escolarizados, com parcos vínculos familiares, e que, em algum momento da vida, cometeram uma infração penal. No Brasil, jamais havia sido feito um censo dessas instituições, ou seja, não se sabia quantas pessoas viviam nelas. Com uma equipe de pesquisadoras, viajamos por todas as unidades do país, pesquisamos arquivos e fizemos um filme.[5] Criamos um fundo de arquivo em que muitas orientandas trabalharam seus textos acadêmicos. Quando chegamos a Maceió, encontramos Zefinha (Josefa da Silva), a mulher há mais tempo internada em um manicômio judiciário no país: 38 anos, até aquele momento. Com uma então orientanda de doutorado, Luciana Brito, mergulhamos na história de Zefinha, contamos os fragmentos de seu dossiê de internação,

---

4 A banquinha *Relação de orientação* (disponível em: <www.youtube.com/watch?v=noZXWFxdtNI>) discute a ideia da orientadora como editora e explora os limites da relação de orientação. Em particular, discute a falsa ideia de posse ou propriedade que alguns campos do conhecimento sustentam haver na relação entre orientadora e orientanda.

5 *A casa dos mortos*. Direção: Debora Diniz. Brasília: ImagensLivres, 2008. Disponível em: <youtu.be/noZXWFxdtNI?si=LtkU97JLA8G-KXcU>.

denunciamos seu abandono.[6] Esse trabalho em coautoria não se confundiu com a tese de doutorado dela, que, posteriormente, foi publicada como um livro autoral sobre Juvenal Raimundo da Silva, um senhor que até aquele momento tinha vivido 46 anos abandonado no manicômio judiciário do Ceará.[7]

Essa história traz elementos importantes para nossa primeira conversa. Assim como no mundo comum, na vida acadêmica é preciso exercitar a partilha e a troca, distanciar-se dos ideais – solitários e possessivos – do pesquisador genial de artigos originais e de prêmios internacionais. Eu acredito numa experiência de pesquisa em que possamos partilhar dados coletados, em que mais de uma pesquisadora possa trabalhar em um mesmo tema de pesquisa com questões de investigação diferentes, em que se formam parcerias de troca e de amizade mais duradouras do que o tempo dos títulos acadêmicos. Sei que essa é uma experiência intrigante, pois, quando estamos começando na carreira acadêmica, parece que tudo o que temos é "o meu tema de pesquisa", "o meu trabalho de campo", "as minhas entrevistas".[8] Abdicar dos possessivos e se acomodar no grupo como parte de um esforço coletivo é algo novo para todas nós e para a prática

---

[6] Debora Diniz; Luciana Brito. "'Eu não sou presa do juízo, não': Zefinha, a louca perigosa mais antiga do Brasil". *História, Ciências, Saúde-Manguinhos*, v. 23, n. 1, jan.-mar. 2016, pp. 113-130.

[7] Luciana Brito. *Arquivo de um sequestro jurídico-psiquiátrico: o caso Juvenal*. Rio de Janeiro: Editora Fiocruz, 2018.

[8] Por um jargão antropológico, descreverei toda pesquisa empírica como "trabalho de campo". Na etnografia, esse conceito é mais denso do que a forma como uso nesta carta.

acadêmica. É exercitar o pensamento: *o nosso grupo de pesquisa trabalha uma questão e eu venho me debruçando sobre um fragmento dela.*

A ORIENTANDA E A ORIENTADORA

Ser orientadora é ocupar esse lugar híbrido entre a mentoria e a hospitalidade. E qual o seu lugar como orientanda? É o de ser uma aprendiz que se emociona com a pesquisa, que se encanta com a escrita e que se conecta com a coletividade. Estou sendo honesta com você: tenho descrença, e até um pouco de desdém, por imagens que circulam nos meios acadêmicos, de pesquisadoras solitárias e em intenso sofrimento pela genialidade. Ser sua orientadora é ajeitar um espaço para mais uma numa coletividade; você será parte de um grupo que cuidará comigo de suas boas-vindas. A carta é uma forma de explicar essa relação em detalhes – sou sua orientadora, ou seja, eu sou única, mas o trabalho de orientação será coletivo.[9] Eu tenho responsabilidades só minhas, como, por exemplo, aprovar o texto para a qualificação e cuidar de você na cena de defesa pública, caso alguém seja deselegante com

[9] É possível que alguns projetos de mestrado ou doutorado tenham coorientação, ou seja, duas professoras acompanham a estudante. Eu já vivi experiências de coorientação que foram fascinantes, mas, com a atual conformação do grupo de pesquisa e a coletividade das sessões de orientação, a coorientação não me parece ser funcional. Como uma regra geral, eu recomendaria cautela para a coorientação – a experiência pode ser demandante para a orientanda.

seu texto ou suas ideias. Mas cabe a você conhecer e cultivar a coletividade, explorar os trabalhos produzidos por outras orientandas que passaram por nosso grupo, imaginar-se como parte desse encontro e não simplesmente como alguém singular com sua trajetória isolada.

Há espaço na vida acadêmica para quem deseja trabalhar solitariamente. Preciso ser honesta, não será comigo esse encontro. Exatamente por acreditar na coletividade e na mutualidade, espero que você conheça o nosso trabalho antes de me procurar para ser sua orientadora. Por favor, não chegue dizendo: "Eu tenho uma ideia de projeto e queria executá-lo." Sim, suas ideias podem ser brilhantes, não as discuto, apesar de repetir que duvido da genialidade.[10] Não há muito espaço no trabalho coletivo para quem se vê como solitária e com trajetória singular: se acha que eu posso ser uma boa orientadora para você, balize sua escolha com a agenda de pesquisa do grupo que coordeno, com as ex-orientandas ou com as que ainda seguem conosco. Avalie-me coletivamente, pois nós também iremos considerar a sua chegada no contexto do que fazemos como um grupo. Assim, pense em se aproximar ponderando como os seus desejos e interesses se conectam com os do grupo e como você poderá cuidar de elementos que ainda não conseguimos explorar, resolver ou escrever.[11]

[10] A minha suspeita a ideais de genialidade foi discutida em uma banquinha: *Mito da genialidade*. Disponível em: <www.youtube.com/watch?v=o1xNlfOZLIE>.

[11] O Quinquilharia – projeto anterior à Banquinha– *Como se aproximar de uma orientadora?* (disponível em: <www.youtube.com/watch?v=DQcaM8BbSWM>)

Ser orientanda é ser uma participante de um coletivo, cujos cuidados devem ser também compartilhados por você. Sou uma pesquisadora que escreve e ensina sobre determinados temas, os quais imagino serem também de seu interesse. A mesma coisa acontece com qualquer outra orientadora de quem você se aproximar. Minha agenda de pesquisa é pública e compartilhada entre todas as participantes, por isso se informe sobre ela antes de enviar seu pedido de orientação (adiante, falarei sobre como fazer essa varredura para identificar quem poderia ser uma orientadora adequada para você). No nosso grupo, cada pesquisadora pensa e cuida de um pedacinho do problema que nos une como acadêmicas e como pessoas comprometidas com as questões sociais.

Eu dou um exemplo, e, como quase todos nesta carta, ele será datado no tempo da escrita. O grupo de pesquisa e a clínica jurídica que supervisiono na Universidade de Brasília têm duas questões como fundamentais para a pesquisa e a atuação social nos próximos cinco anos: a criminalização do aborto e seus aspectos legais, éticos e de saúde pública; as emergências sanitárias (em particular, a epidemia do vírus zika e a pandemia de covid-19) e aspectos sociais, bioéticos e de saúde global.[12]

---

discute como se aproximar de uma possível orientadora com um pedido de projeto que se encaixa na agenda de pesquisa do grupo.

[12] A Clínica Jurídica se chama Cravinas e é especializada em direitos, saúde e justiça reprodutiva (@projetocravinas, no Instagram). Gabriela Rondon, com quem trabalhei na graduação, no mestrado e no doutorado é, hoje, uma referência para a questão ética e jurídica do aborto, e coordena a clínica Cravinas.

Ou seja, para garantir coesão e troca entre o grupo, dou preferência a candidatas que desejem pesquisar esses temas. Outras orientadoras trabalharão questões diferentes das minhas.

Há responsabilidades também de seu lado: além de contribuir com o coletivo e produzir o seu próprio texto e reflexão, é a de respeitar prazos e compromissos. É certo que há responsabilidades éticas, como a de integridade na escrita ou na pesquisa, mas falarei delas mais adiante. Esperamos que você participe das reuniões de orientação, que seja ativa nas atividades produzidas pelo grupo, que celebre o encontro para além do protocolo de produção de um texto para um título acadêmico. Seu lugar não é passivo, como pode perceber: você será uma recém-chegada em quem depositaremos muitas expectativas coletivas, sendo a mais importante delas a de refrescar nossas formas de pensar e solucionar problemas. Iremos aprender com você, pois pensamos melhor juntas.

Sendo assim, imagine que esta é uma carta com lacunas que você está prestes a biografar durante seu tempo de escrita acadêmica. O tempo para preencher as lacunas precisa ser suficiente, e, mais uma vez, estou sendo normativa com você: os atrasos não são bem-vindos nem para o grupo de pesquisa nem para o seu curso de graduação ou programa de pós-graduação. Por mais que você seja organizada com o tempo e seus compromissos, a reta final de uma escrita acadêmica exigirá dedicação em momentos estranhos à sua rotina. Enquanto as pessoas dormem ou se divertem nos finais de semana, você estará escrevendo. Haverá um momento em que, mesmo com toda a alegria da descoberta que fazemos ao escrever sobre nossas pesquisas, você estará cansada. Eu repito que você não estará sozinha, pois a acompanharemos, mas há um processo de construção do trabalho acadêmico que será entre você e seus livros, seus pensamentos e a tela de um computador, entre você e o emaranhado de notas em seus cadernos. Prepare-se para uma jornada que exigirá disciplina contínua, e não apenas alguns picos de produção.

A COSTURA E O BORDADO

Sei que falei sobre a relação de orientação e sobre como a imagino. Mas também sei que é difícil antecipá-la, pois é algo ainda por viver. Tenho estado à procura de uma alegoria para representar esse palavreado todo; uma imagem que nos ajude na aproximação. A referência à cozinha é comum no campo acadêmico: "Um artigo recém-saído do forno", dizem alguns; outros descrevem os métodos de pesquisa como ingredientes para uma receita. A alegoria não me incomoda, até mesmo porque a cozinha genuína é ocupada pelas mulheres, e por mulheres mais diversas do que as que fazem ciência no Brasil. A alegoria da cozinha funciona melhor para pensar as técnicas de pesquisa do que a própria relação de mutualidade da orientação e pesquisa. Há bons livros de metodologia disponíveis, e esta carta não concorre com eles, ao contrário:

conversa com as regras sobre como fazer uma pesquisa.[13] Por isso, saí à procura de outras alegorias, também femininas, e de trabalhos manuais, estéticos e preocupados com o detalhe. E de atividades que, como as da cozinha, pudessem ser executadas sozinhas e em grupo.

Comecei a pensar no trabalho da costura e do bordado. Cresci prestando atenção nos dedos delicados de uma tia-avó costureira e bordadeira, e é da observação dessa arte que arrisco dizer que nosso encontro terá desses pequenos gestos. Muito do trabalho da costura e do bordado é também coletivo, e é para essa forma de fazer que a convido a pensar a alegoria sobre nosso encontro: não é preciso que todas estejam concentradas no mesmo retalho e ao mesmo tempo; imagine-se bordando pedacinhos de uma composição. A ansiedade pode ser intensa, e a vontade de descobrir a confundirá diante de tantas possibilidades de pesquisa e de leituras. E eu, entre escutadeira, editora e acompanhante, aperfeiçoarei minhas habilidades manuais – cada retalho de ideia ou de bordado precisa ganhar sentido na tela que a artista esboça diante de mim e da coletividade. Como uma costureira e bordadeira, nosso trabalho é artesanal: ele combina a repetição de um ofí-

[13] Você não precisa ter muitos manuais de metodologia em sua estante. Selecione um ou dois que sejam abrangentes na cobertura de técnicas e métodos. Eu utilizo estes dois e os tenho como referência para algumas ideias desta carta: Wayne Booth; Gregory G. Colomb; Joseph Williams. *A arte da pesquisa*. Tradução de Henrique Rego Monteiro. São Paulo: Martins Fontes, 2019. Roberto Hernández Sampieri; Carlos Fernández Collado; Pilar Baptista Lucio. *Metodologia de pesquisa*. Tradução de Daisy Vaz de Moraes. São Paulo: McGraw-Hill, 2013.

cio aprendido com a atualização estética da criação coletiva. Seremos boas parceiras na composição de uma peça. Nosso encontro é intelectual, profissional e afetivo. Seremos muitas ao seu lado em busca de um texto do qual você se orgulhará de ser a sua primeira criação.[14]

[14] Mantenho a alegoria do início como um recurso discursivo que me permite falar do óbvio. Se você está no doutorado, esse não será o seu primeiro texto, mas espero que algo do que escrevo lhe faça sentido, nem que seja como uma revisão do que já sabe.

ANTES DO PRIMEIRO ENCONTRO

Ainda sem nos conhecermos, faremos um acordo. Nosso primeiro encontro será afetuoso, porém superficial. Se possível, rápido, apenas para que eu lhe dê boas-vindas. Pode até mesmo ser uma troca de e-mails em que você me pergunta se eu teria condições de orientá-la. Num caso ou no outro, pedirei que leia esta carta.[1] Leia-a do início ao fim, deitada na rede com a brisa do mar, caso possa estudar à beira da praia. Se vive no centro do país, como eu, a leitura no início da manhã ou no cair da tarde, quando não está quente, é uma sugestão. Mas a geografia é só a moldura da cena, pois espero que ajude a leitura ser mais agradável.[2] Você terá

[1] Em uma situação ideal, não haveria nem essa troca de e-mails. Você leria esta carta, seguiria os passos de "pesquisa" e daí enviaria o pedido de conversa para uma possível orientação.

[2] Há estudos que mostram que a geografia de onde escrevemos ou estudamos altera nosso ritmo de aprendizado. Há um curso on-line, gratuito se você não quiser o diploma, intitulado "Learning How to Learn: Powerful Mental Tools to Help You Master Tough Subjects" [Aprendendo a aprender: poderosas ferramentas mentais para ajudar você no domínio de temas difíceis]

oportunidade de voltar aos trechos que suspirou por humor, ansiedade ou surpresa. Tente percorrer a carta com calma e se oferecendo pausas, mas o faça em dias seguidos, sem interrupções. Somente depois da leitura, teremos nosso primeiro encontro para pensarmos juntas se o grupo e eu somos o coletivo mais adequado para os seus desejos e interesses. Você estará bem mais segura e preparada para essa primeira conversa. E eu, ansiosa por escutá-la.

Comece a leitura desta carta com um caderno de lado.[3] Eu tenho fascínio por cadernos que guardam memórias e registros de aprendizados, ou mesmo de episódios da vida exterior ou interior de cada uma de nós. O importante é que você os organize, saiba para que serve e como usa cada um deles. Nesta carta, falarei de três cadernos: vaga-lumes; canteiro de obras e diário de campo.[4] Eu os explicarei com cuidado, mas

---

(disponível em: <www.coursera.org/learn/learning-how-to-learn>), que explora algumas dessas evidências de pesquisa. Há legendas em português e está disponível na plataforma Coursera de aprendizado.

[3] Os cadernos mereceriam uma história acadêmica. Recentemente, ao conversar sobre meus cadernos, uma colega pesquisadora me contou que guarda todos os cadernos desde o tempo em que era uma estudante de pós-graduação. Ao total, ela acumula quarenta e dois cadernos.

[4] O nome dos cadernos foi discutido coletivamente: eu fiz uma postagem nas redes sociais explicando o que queria de cada caderno, sugeri títulos e escutei atentamente as pessoas. "Vaga-lumes" veio da criação coletiva e me conectou à ideia de "iluminação intermitente" dos vaga-lumes (Georges Didi-Huberman. *Sobrevivência dos vaga-lumes*. Tradução de Consuelo Salomé. Belo Horizonte: Editora UFMG, 2011). "Canteiro de obras" veio da leitura dos diários de Bertolt Brecht (Bertolt Brecht. *Diários de Brecht*. Tradução de Herta Ramthun. Porto Alegre: L&PM, 1995) e de entrevistas com Annie Ernaux (Annie Ernaux. "Uma espécie de canteiro de obras". In: *A escrita como faca e outros textos*. Tradução de Mariana Delfini. São Paulo: Fósforo, 2023, pp. 54-58). O "diário de campo" é o mais intuitivo deles: o

queria contar que, além desses, eu ainda mantenho um caderno de fragmentos de memórias. Não o imagine sofisticado como devem ser os da escritora Annie Ernaux.[5] O meu é estendido no tempo e curto no instante: a cada cinco anos, abro um novo ciclo e, no mesmo dia, a cada ano, escrevo e rememoro algo dos anos anteriores. Os dias de cada ano estão na mesma página, imagine-os em cinco colunas horizontais. Eu lembro o velho e registro o novo como vizinhos de palavras. Esse caderno de fragmentos é um misto de anotações de vida interior e exterior, há fotografias, palavras em que preciso pensar, rabiscos de quem não sabe desenhar, eventos que eu não gostaria de esquecer. Ninguém está autorizado a lê-lo, e certamente ele estará na minha *go-bag* em casos de emergências.[6]

---

que a acompanhará na pesquisa empírica, seja ela etnográfica ou não. Há uma vasta literatura e cursos sobre como ocupar seu diário de campo, do qual falarei um pouco nesta carta. Vale a leitura: Soraya Fleischer. *Na cozinha da antropologia*. Rio de Janeiro: Papéis Selvagens, 2023.

[5] Annie Ernaux conta que começou a prática de escrita de um diário pessoal aos 16 anos, "numa noite de tristeza". O diário é um espaço de "espontaneidade, essa indiferença a um julgamento estético, essa recusa do olhar de outra pessoa" (Annie Ernaux. "Para mim, a escrita tem duas formas". In: *A escrita como faca e outros textos*. Tradução de Mariana Delfini. São Paulo: Fósforo, 2023, pp. 35-38).

[6] *Go-bag* é uma expressão da língua inglesa que se popularizou em vários idiomas. É uma bolsa ou mochila onde guardamos itens de necessidade imediata para emergências, como documentos ou remédios. Nos eventos decorrentes das mudanças climáticas, como as enchentes no Brasil, as *go-bags* protegem pedacinhos de memória ou elementos de valor em caso de perdas materiais (Ayurella Horn-Muller, "Pack Your Memories Into Your Disaster Bag". *The Atlantic*. 30 dez. 2023. Disponível em: <www.theatlantic.com/health/archive/2023/12/disaster-kit-loss-memories-mental-health/676961/>).

O primeiro caderno é o que acompanhará nossos encontros: o "vaga-lumes". Vale suspirar fazendo graça da palavra – na capa, você pode fazer um grafismo com a beleza do hífen. Se nunca viu um vaga-lume na natureza, vá para o mato em dias de chuva e no final da tarde; quem sabe ainda os encontre. Os vaga-lumes aparecem e desaparecem em bando, são miudinhos, e a luz é intermitente como é o nosso pensamento. Eu não tenho pretensões de emanar luz, nem mesmo uma fraquinha como a de um vaga-lume. Esse caderno registrará suas intermitências de luz – e também a falta dela. O caderno vaga-lumes servirá para registrar nossos encontros de orientações, sejam eles trocas de e-mail, participação nos grupos de leitura ou nos grupos virtuais de comunicação coletiva, e suas notas preparatórias para discussão coletiva, comigo ou com o grupo expandido.[7] Em cada entrada de escrita, anote a data. Siga meu conselho: pare a leitura agora e escolha o seu caderno vaga-lumes. Faça-o seu, customize-o do jeito que quiser ou puder. Ele não precisa

[7] Cada orientadora terá um jeito de organizar a comunicação com suas orientandas. No grupo que coordeno, nós usamos o aplicativo Slack para comunicações coletivas: ali há memória de tudo o que discutimos ou que foi compartilhado; é possível arquivar documentos ou fotografias. A memória passa a ser um pacote de boas-vindas para as recém-chegadas. Eu recomendaria muita cautela no uso de aplicativos de mensagens, como WhatsApp. Primeiro, porque é um aplicativo pouco eficiente para conversas coletivas e para arquivo de documentos. Mas, principalmente, com nossas diferenças de ritmos da vida ou de fuso, no lugar onde viajamos ou vivemos, as mensagens podem alcançar umas e outras em horários indiscretos – e, por ser um aplicativo de uso familiar, raramente as pessoas o silenciam à noite. Além disso, o Slack, ou qualquer outro com funcionalidades semelhantes, permite que a comunicação se dê em um espaço coletivo, o que facilita o aprendizado comum.

ser elegante, pode ser qualquer um, até mesmo um conjunto de folhas com um grampo forte. Aproveite e volte ao início desta carta e anote algumas coisas no seu caderno vaga-lumes.

Por que não manter o seu caderno vaga-lumes no computador? Primeiro, você pode fazê-lo como quiser. O meu conselho é manter um. Mas queria fazer uma defesa do caderno físico. Ele será seu companheiro em nosso encontro, ele pode estar perto de você para registros instantâneos. Há uma prática de memória e aprendizado diferente em escrever a mão, exercite-a no vaga-lumes. Além disso, preciso confessar: eu recomendo que ele seja uma lembrança de sua iniciação acadêmica, uma peça para o futuro, a partir da qual possa se recordar com ternura de suas inquietações. Os arquivos no computador parecem cair num vale profundo onde há de tudo, e o passado vai sendo empurrado para o subterrâneo dos anos. No formato de um caderno, o monumento da memória estará perto de você, como parte de você, pois é sua caligrafia – sem a edição tão instantânea como fazemos ao digitar. Por fim, adoraria que nos encontros que tivermos não houvesse computador ou celular como bloco de notas: imagino que a conversa seja fluida como duas ou mais pessoas sentadas à mesa tomando um café. Nessa cena, como você tomaria notas? No seu caderno vaga-lumes. Eu jamais pedirei para vê-lo, não se preocupe.

O INTERVALO DO ENCONTRO

Você leu esta carta, anotou rabiscos e suspiros no caderno vaga-lumes. Se gosta de desenhar, aproveite para delinear suas emoções. Eu imagino que você esteja em um curso de graduação, de mestrado ou de doutorado e que possa escolher sua orientadora. Sei que há restrições de número de orientandas por professora, mas haverá um leque de várias para você se aproximar. Eu, particularmente, acredito que essa mútua decisão facilita a relação de orientação. Assim, indicar potenciais orientadoras é um dos primeiros atos de arbítrio de sua carreira acadêmica que podem ter múltiplos impactos em sua trajetória. Por isso, permita-se um tempo para pensar para quem gostaria de mandar uma mensagem solicitando uma conversa para futura orientação. Recomendo dois exercícios antes de escrever a primeira carta. O primeiro é um exercício interior, sobre você, seus desejos e interesses acadêmicos. O segundo é um exercício exterior de preparação sobre com quem irá conversar para solicitar uma orientação. Uma regra é jamais escrever de ímpeto para uma possível orientadora, dizendo: "Eu adoraria ser orientada por você." Sim, há honestidade, mas é uma mensagem que nos diz pouco sobre quem é você e sobre o que poderíamos fazer juntas. Sua mensagem pode cair no vale profundo das palavras no espaço virtual.

Comece pelo exercício interior. O que você gostaria de pesquisar e escrever? Você quer seguir uma carreira acadêmica de longa duração ou está satisfeita com o ciclo que fechará com a graduação? A segunda pergunta é mais simples do que a primeira e pode ter respostas provisórias: "Neste momento, desejo apenas fechar esse ciclo." Caso seu interesse seja o de seguir a carreira acadêmica, leve ainda mais a sério os passos preparatórios que sugiro antes de buscar sua orientadora, pois o encontro pode ser mais duradouro do que o da monografia de graduação ou do projeto de iniciação científica. É a resposta à primeira pergunta que deve martelar seu juízo enquanto segue a leitura desta carta: onde estão seus desejos e interesses de aprendizado intelectual? Ninguém pode responder por você, o que é um alívio. Tentarei acompanhá-la no exercício de ajeitar os vaga-lumes acendendo e apagando em sua cabeça.

Nosso leque de interesses e desejos de pesquisa é maior do que nossas condições efetivas de explorá-lo. Isso acontecerá com você, mas também atormenta as pesquisadoras experientes. Há um conselho que ouvirá de mim e de quem mais conversar sobre isso: "Reduza seu tema de pesquisa, deixe-o mais específico." O curioso é o quanto o tema parecerá nítido e bem resolvido para você, mesmo nesse momento tão inicial. Não acredite nesse ímpeto inicial de clarividência – do tema ao objetivo geral, um bom tempo de conversas e leituras será consumido. Com algumas variações de estilo, chamo esse de "conselho da suspeita", uma regra inicial para qualquer aprendiz de pesquisa: duvide de você mesma. Iniciamos com um tema para, depois de algum tempo, alcançarmos nosso problema. O desafio é sair do tema, chegar a um problema razoável, realizar a pesquisa e escrever no tempo disponível em seu calendário. Um novo suspiro, estou certa? Anote-o no seu caderno vaga-lumes.

As ideias para sua pesquisa podem vir dos estágios acadêmicos que realizou, dos projetos de iniciação científica que participou, de sua vida pessoal e familiar, ou do que a provoca no tempo presente. Mergulhe na sua própria história de vida para tomar nota de experiências que viveu ou testemunhou, e que provocam sua curiosidade acadêmica. Tente ir aproximando essas notas de reflexões intelectuais que fez em sua trajetória como estudante: artigos ou livros que leu, filmes a que assistiu, palestras a que compareceu. Não se preocupe em checar a correção do que anota, siga livremente sua memória e vá sentindo como as questões lhe provocam os afetos e a curiosidade intelectual. Não há certo e errado nesse momento, é um passeio por você mesma. Se estou certa, você não terminará esse exercício com uma página vazia: você se descobrirá com interesses, alguns díspares uns dos outros. Será fascinante chegar nessa etapa. Mas e se não saiu nada e a página continuou vazia?

Não há problema. Se sua página está atolada de anotações, ou se ela quase reflete sua imagem de tão vazia, faça uma caminhada. Em qualquer dos casos, seus pensamentos estão se movendo rapidamente e você precisa de mais energia para continuar esse exercício. Vá sozinha caminhar. Se tem cachorros, leve-os. Carregue também seus rabiscos ou a página vazia no caderno vaga-lumes. Na caminhada, algumas das ideias que pareciam boas começarão a desaparecer e, devagar, algumas luzinhas de ideias começarão a chegar para você anotar no que ficou vazio. Se for seguro, pare e tome notas. Se for muito seguro, caminhe com seu celular e grave suas ideias. Os cachorros serão pacientes na espera, eles vão ser seus companheiros em toda essa jornada.

De volta ao seu caderno vaga-lumes, escute o que gravou: selecione dos rabiscos iniciais os que fazem mais sentido e se arrisque a escrever algo. Não termine esse primeiro exercício com mais de três possibilidades, tampouco com nenhuma. Sua meta é ter pelo menos uma ideia, e no máximo três. Se conseguir, anote também o que não gostaria de pesquisar ou escrever relacionado a esses temas. Veja que falo de ideias, pois estamos ainda em um nível amplo: você escreverá coisas como "racismo", "violência contra as mulheres", "desigualdade", "fome", "o caso de uma colega de trabalho", "um artigo de jornal sobre política internacional" etc. Se você escreveu "racismo", uma possibilidade seria também escrever: "Não quero trabalhar com os agressores, mas com as vítimas" ou "Quero pensar a história de minha própria família". Devagar, tentará conexões entre as palavras. Nesse momento, elas são apenas palavras que remetem a ideias – ainda não são conceitos. Você voltará a essas notas ao longo dos dias em que se prepara para a primeira conversa comigo. Repita esse pequeno ritual: leia seu caderno vaga-lumes, caminhe, converse com alguém sobre as ideais, aumente os rabiscos. Em paralelo, avance em outras tarefas.

Abra a plataforma Lattes, já ouviu falar dela? Se sim, atualize seu currículo.[8] Se não, reserve um dia inteiro para cuidar

[8] Conversei sobre a importância e como atualizar o currículo Lattes em uma banquinha: *Como fazer um currículo Lattes*. Disponível em: <www.youtube.com/watch?v=yii7LlNskFk>.

dele. Recomendo que faça dois sistemas de atualizações em simultâneo e que os mantenha como hábito: atualize seus dados na própria plataforma e faça um espelho em formato de pastas em seu gerenciador de arquivos. Na plataforma Lattes, há espaço para formação acadêmica, com itens como graduação, mestrado, doutorado, especializações. Para cada item, faça uma pasta no seu gerenciador de arquivos e guarde inclusive os comprovantes. Organize as pastas por ano em que os documentos foram produzidos. Na plataforma Lattes não há espaço para os comprovantes, mas eles serão úteis no decorrer da carreira acadêmica. No meu caso, vinte anos depois de ter feito um curso de atualização, precisei do certificado, e não o tinha. Felizmente, consegui localizar a então coordenadora do curso, que me escreveu uma carta comprovando o que eu informava no currículo. Não deixe para depois a atualização de seu currículo, essa deve ser uma prática instantânea logo após um novo evento, que pode ser uma titulação, uma publicação ou uma participação em congresso.[9]

Se você abriu a plataforma Lattes pela primeira vez, terá que fazer um exercício de recuperação de cada detalhe de sua experiência acadêmica. O bom de estar no começo dessa jornada é que você pode sair à procura de certificados de cursos ou de comprovantes de participação em eventos se não os tiver arquivado. Lembre-se de ser detalhista e cuidadosa ao preencher o

[9] No meu caso, eu não atualizo eventos de que participo nem entrevistas que concedo, mas não recomendo que você siga este caminho.

seu currículo Lattes, pois esse será um documento fundamental para sua trajetória acadêmica, suas seleções de mestrado e doutorado, ou para concorrer a bolsas de pesquisa. Para saber o que importa registrar, passeie pelo currículo das professoras com quem desejaria ter uma relação de orientação: isso a ajudará a fazer um "turismo" nas áreas de pesquisa de cada uma delas. Aproveite para pensar qual será seu nome acadêmico, ou seja, como irá assinar seus trabalhos. Não falo de mudar de nome (é claro que você pode fazê-lo, mas isso demanda um processo burocrático diferente). Talvez você tenha dois sobrenomes, seja de um lado ou de outro de sua filiação, ou só de um lado. Pense se quer usar seus sobrenomes completos ou apenas parte deles. É um bom momento para pensar qual será sua assinatura acadêmica.[10]

Com o Lattes pronto, você passará a analisar os currículos de potenciais orientadoras.[11] Nesse processo de busca, não se fixe em uma pessoa apenas, ou seja, além de mim, selecione outras duas professoras. Dê preferência a professoras diversas e de diferentes gerações. Não acredite nisso de buscar as mais famosas ou conhecidas: uma recém-doutora é uma orientadora fascinante, pois começará a experiência de orientar,

---

[10] A plataforma Lattes se vincula ao nosso CPF no Brasil, o que significa que nosso nome de registro civil também será indicado no currículo. Mas há espaço para você indicar qual nome acadêmico adota para assinar artigos, participar de congressos etc.

[11] Explore também o ORCID, um identificador digital para pesquisadoras. Cada pesquisadora possui um ORCID; faça um exercício. Na plataforma, digite: "0000-0001-6987-2569" e veja que localizará algumas de minhas publicações.

está em busca de montar o seu próprio grupo de pesquisa e tem a revisão da literatura atualizada. Assim, comece com três nomes. No seu caderno vaga-lumes, monte uma tabela simples com o nome de cada uma, os grupos de pesquisa atuais, os títulos das publicações dos últimos três anos e as orientações mais recentes de graduação, mestrado e doutorado. Você mapeará o tempo presente de interesses de sua futura orientadora – o que ela pesquisa, o que tem escrito, quem ela orienta. É importante que seus interesses e desejos se encontrem com a agenda de pesquisa do grupo que sua possível orientadora coordena.

Preciso falar um pouco mais sobre isso da agenda de pesquisa, pois há um atraso entre o que torna uma autora conhecida e seus interesses de pesquisa atuais. Explico com um exemplo próprio. Escrevi sobre a questão da deficiência, publiquei livros e orientei pessoas.[12] O tema para mim é existencial, político e acadêmico. Não há pesquisa ou orientação atuais em que a questão da deficiência não cruze com o modo como penso o problema ou analiso os dados. No entanto, não tenho a questão da deficiência como meu tema de agenda prioritária no momento: o arcabouço dos estudos sobre a deficiência é parte de como construo minhas lentes para os problemas atuais. O que isso significa? Que há pessoas que me conhecem por publicações de dez ou quinze anos

[12] Publiquei um livrinho que é ainda uma referência para o campo dos estudos sobre deficiência: Debora Diniz. *O que é deficiência*. Rio de Janeiro: Brasiliense, 2000.

atrás e me buscam como se a agenda de pesquisa ainda fosse a mesma. O processo é cumulativo, mas há momentos em que nossa atenção está mais direcionada para umas questões do que outras. Informe-se sobre como a agenda de pesquisa se transforma para sua futura orientadora, e você descobre isso na plataforma Lattes ou no Diretório de Grupos de Pesquisa, também do CNPq.[13]

Seu próximo exercício é mapear o que movimenta o grupo de pesquisa e minha agenda de interesses nesse momento. Saiba isso antes de nossa conversa. Como fazer? Você analisou o Lattes e separou informações, agora é hora de lê-las e tentar conversar com pessoas que orientei recentemente. Tente ler não apenas minhas publicações recentes sobre o tema que lhe interessa, mas também os textos produzidos por orientandas, como monografias, dissertações e teses. Não precisa estudar o material, mas faça um "turismo textual" nos documentos. Dê uma olhada nos resumos, passeie pelas referências bibliográficas, dedique-se à seção de metodologia. Irá descobrir o mapa de autoras com quem trabalhamos e terá a oportunidade de avaliar se são também autoras que a inspiram ou não. Na seção de metodologia, identificará que material o grupo dispõe para pesquisa compartilhada, ou onde realizamos trabalho de campo. Além disso, poderá ter uma ideia geral do que espero como um texto pronto para defesa em cada momento da trajetória acadêmica.

---

[13] O Diretório de Grupos de Pesquisa no Brasil é gerenciado pelo CNPq e, segundo dados de 2023, eram quase 43.000 grupos de pesquisa registrados.

Para esse exercício de mapeamento de referências e conexões acadêmicas, há ferramentas de inteligência artificial que podem ser úteis.[14] Com algumas delas, você pode colocar uma pergunta de pesquisa relacionada aos rabiscos do seu caderno vaga-lumes e começar a perseguir as respostas que surgem na sua tela: "Quais os estudos mais recentes sobre feminicídio no Brasil?", por exemplo. Com outras ferramentas, a partir de um texto que você considere relevante para o campo que deseja pesquisar – ou que seja produzido por sua possível orientadora –, você poderá traçar as conexões entre autoras no tempo. O que antes fazíamos anotando as referências bibliográficas de um texto e mapeando quase manualmente quem citava quem, ou quem conversava com quem nas pesquisas, agora pode ser feito por inteligência artificial.

Você verá que o mapa de autoras lhe ajudará a situar sua orientadora e o grupo de pesquisa em um emaranhado amplo de relações com outras autoras brasileiras e internacionais. Essas ferramentas são como aceleradores de sua pesquisa, mas lembre-se de manter seu espírito crítico ao utilizá-las: o que sairá como resposta é a estrutura hegemônica de poder, de reconhecimento e de citação da comunidade acadêmica. Um de seus desafios será buscar autoras e publicações fora dessa circulação oficial que, muitas vezes, não estão nos periódicos de impacto ou em língua inglesa.

---

[14] Exemplos de ferramentas que fazem pesquisa bibliográfica ou mapas de citações são o ChatGPT, Perplexity AI, ResearchRabbit. As ferramentas são alteradas de maneira contínua, assim, pesquise sobre as disponíveis antes de adotar algumas delas. Dê preferência às que forem de acesso livre.

Durante todo o exercício exterior de preparação, seu caderno vaga-lumes é seu farol que acende e apaga para guiar de onde você parte com seus desejos e interesses. É dele e de volta para ele que você se organiza para o encontro com uma orientadora e o grupo. Você sentirá uma alegria imensa se suas notas se identificarem com a agenda de pesquisa de um grupo. Em muitos casos, no entanto, o conselho da suspeita a acompanhará nesse processo, e as notas iniciais serão refeitas. Não considere isso como um abandono de suas ideias: o universo de possibilidades de pesquisa e escrita são vastos, você está apenas explorando outras ideias que, antes, desconhecia. É preciso que haja um encontro entre suas notas revisadas e os grupos disponíveis para orientá-la. Você terá que fazer escolhas, e isso é bom. Mas não sofra com a falsa sensação de que você está abandonando suas ideias caso não haja orientadora disponível. Você pode tomar esse momento da graduação, do mestrado ou do doutorado como de aprendizado mútuo e, quem sabe, quando encerrar esse ciclo de titulação, retornar às notas iniciais que agora não encontraram correspondência no coletivo.

A SUA CARTA

Entre a leitura desta carta e nossa primeira conversa, talvez você precise de um mês de trabalho solitário. Esse percurso a deixará mais forte e segura para escrever sua mensagem solicitando uma conversa para a possível relação de orientação.

Isso poderá, inclusive, ajudá-la a encontrar um tema de pesquisa, caso ainda tenha muitos interesses rondando suas ideias. Entenda-o como um exercício de assentamento do pensamento para o encontro. Segura do que quer e de como se conecta ao grupo, você deve se preparar para escrever sua mensagem solicitando a orientação. Há bons modelos de cartas circulando nas redes e nos aplicativos de inteligência artificial, você pode lê-los para inspirar-se, ou até mesmo recorrer a algum aplicativo para que desenhe uma carta específica para você. Com o modelo em mãos, dê o seu tom pessoal com as informações que coletou e as razões de por que esse encontro faz sentido para você. Lembre-se: as ferramentas de inteligência artificial fazem o alinhavo dos pontos, mas é você quem finaliza o bordado.

Se a carta deve ser formal ou mais pessoal, isso exigirá de você uma sensibilidade sobre sua área de pesquisa e para quem você escreve. Eu gosto de cartas que ofereçam um tom pessoal e reconheçam o rito: é a nossa primeira apresentação, ou seja, ela deveria ser lembrada. Mencione fragmentos do que aprendeu e a agradou nesse percurso exploratório, citando um determinado artigo que escrevi ou um texto que orientei. Você deve deixar explícito o seu interesse pelos temas que o grupo trabalha no momento, por isso esteja segura da agenda de pesquisa. Daí, espere a resposta. Se ela não chegar em uma semana, escreva novamente. Recomendo tentar até três vezes, mas, no meio-tempo, certifique-se de que está com o endereço eletrônico correto. Às vezes, há razões íntimas para as pessoas não estarem atentas às mensagens. Tenha mais de uma opção em sua busca, mas um conselho: não escreva para mais de uma pessoa de cada vez.[15]

Imagino que esteja inquieta depois do que leu. Aquilo que parecia apenas uma mensagem com pedido de orientação se transformou em uma jornada de um mês, com um período de espera por resposta que pode tomar algumas semanas. Sim, eu sinto muito se isso acelerou seu coração ou causou alguma frustração. Esteja atenta aos prazos e comece esse exercício antes que o calendário formal anuncie para você o início do semestre acadêmico. Acredite: seguir esses passos deixará você mais informada para o encontro e para perseguir o que deseja com sua pesquisa e escrita acadêmicas. E há formas de fazer esse percurso mais rapidamente. Uma delas é participar de projetos de iniciação científica na graduação ou de atividades de extensão; ser voluntária em projetos de pesquisa. Essas são formas de participar de grupos e conhecer detalhes de seu funcionamento antes de chegar na fase de indicação de orientadora. Eu recomendo que os mesmos exercícios de exploração do Lattes, de turismo textual nas publicações, de passeio pelas ferramentas de inteligência artificial, ou ainda de conversa com orientandas, também valham para quem deseja participar como voluntária em projetos ou atividades de pesquisa. Ou seja, você pode acelerar esses passos na fase da escrita porque os vivenciou antes quando foi uma pesquisadora de iniciação científica, por exemplo.

---

[15] Há um episódio da banquinha que pode ajudar: *Como selecionar uma orientadora?*. Disponível em: <www.youtube.com/watch?v=GrvrpIOkVuA>.

Acho que um exemplo me ajudará a lhe mostrar como escavar documentos como o Lattes, a como praticar o turismo textual e a como explorar as ferramentas de inteligência artificial – ajudando-a, também, a se aproximar do grupo. No meu currículo, você verá que tenho pesquisado as emergências sanitárias no Brasil, em particular zika e covid-19 e seus impactos nas mulheres. Escrevi livros, fiz filmes, dei palestras. Você também identificará que orientei quase uma dezena de pessoas sobre o tema nos últimos cinco anos, e muitas orientações mais recentes são sobre morte materna e covid-19. Se abrir as dissertações de mestrado, por exemplo, verá que elas fazem menção a um fundo de arquivo em comum para o grupo, isto é, um conjunto de entrevistas que realizamos durante a pandemia de covid-19 com familiares das mulheres mortas. Se você escavar um pouco mais, verá que algumas das ações da Clínica Jurídica Cravinas que supervisiono são também ações de reparação para as famílias das mulheres mortas na pandemia. Ou seja, as notas do seu caderno vaga-lumes começam a desenhar um universo possível de onde e como você poderia se engajar no esforço coletivo do grupo: há temas e questões, há fundos de arquivos, iniciativas de extensão, há produções anteriores que ajudam a pensar, há um coletivo para trabalhar junto com você.

Você me escreveu, eu respondi, e nós marcamos nossa primeira conversa. Fico feliz por ter me procurado para orientá-la. Acredite: será uma troca de saberes, experiências e expectativas sobre o futuro. Esse é o momento mais precioso de sua formação acadêmica. Como me descrevi, sou uma escutadeira de suas ideias, uma editora de seus textos e uma acompanhante de sua jornada. Mas a criação será sua. Talvez você ainda não saiba exatamente como irá fazer para se mover dos rabiscos do caderno vaga-lumes para apresentar suas ideias no formato de um problema de pesquisa. O próximo capítulo é sobre isto: mais um exercício a ser feito antes de nosso primeiro encontro pessoal.

rante você [illegible] de suas ideias, uma editora de seu texto e uma acompanhante de sua pesquisa. Mas a criação será sua. Talvez você ainda não saiba exatamente como fazer para se mover nos cubículos do [illegible] para apresentar suas ideias no formato de um problema de pesquisa. O próximo capítulo é sobre isso: mais um exercício a ser feito antes de nosso primeiro encontro pessoal.

O PRIMEIRO ENCONTRO

Você está com temas listados no seu caderno vaga-lumes. Eles vieram do turismo textual, do passeio nos buscadores de inteligência artificial, das anotações sobre o que o grupo de pesquisa vem trabalhando. Se quiser detalhar ainda mais seu exercício sobre as palavras soltas formando temas, tente pensar em quais foram suas motivações para ter escrito cada rabisco. Elas podem ter sido da ordem político-biográfica ou da ordem política do mundo. Mesmo que você ache que seu tema é técnico demais para pensar nisso de "política", me deixe explicar o conceito: os temas acadêmicos são políticos, pois representam um recorte do mundo na forma como os elaboramos e como iremos responder-lhes. Isso não é o mesmo que dizer político-partidário. O político é sobre escolhas, preferências e motivações.

Na minha política acadêmica de pesquisa sobre o aborto, por exemplo, eu escuto histórias de mulheres ou de pessoas que possam engravidar. É do meu interesse aprender com elas sobre suas trajetórias e decisões, ou sobre os impactos da criminalização em suas vidas. Não me interessa pesquisar a história das doutrinas religiosas sobre o aborto. Não digo que pesquisar esses documentos ou comunidades seja desimportante; apenas eu não os tenho em minha agenda política sobre como compreender a questão do aborto. "Eu quero ouvir as mulheres", assim explico minha motivação. Qual é a sua?

Eu, particularmente, acredito que as motivações políticas dão sentido para além de nós mesmas, permitindo que nos conectemos a outras pessoas e ideias. Assim, escave mais uma vez o seu caderno vaga-lumes à procura de caminhos que conecte em você com o grupo de pesquisa e outras pesquisadoras. Esse emaranhado de palavras e conexões do seu caderno vaga-lumes se transformará no primeiro exercício que você compartilhará comigo e com o grupo de pesquisa: os títulos funcionais[1] e os problemas de pesquisa. Tome notas sobre seus temas de interesse – eles podem ser curtos (discriminação, raça, classe, educação), mas o ideal é que estejam se conectando para formar os títulos funcionais (injustiça racial, cotas e educação). Os títulos funcionais devem dialogar com os enunciados provisórios, que, neste momento, chamaremos de problemas de pesquisa. Exemplo de enunciado provisório: "Eu quero conhecer histórias de mulheres protegidas pela Lei Maria da Penha e que saíram de relacionamentos abusivos." Ao escrever seus títulos e problemas, você terá que eliminar alguns – seja porque são ambiciosos demais, seja porque não

[1] John Creswell e David Creswell são defensores do título funcional (John Creswell; David Creswell. *Projeto de pesquisa: métodos qualitativos, quantitativos e mistos*. Tradução de Luciana de Oliveira da Rocha. Porto Alegre: Penso, 2021).

tocam suas motivações –, o que a ajudará a fazer as primeiras escolhas. Nesse exemplo das mulheres e da Lei Maria da Penha, a primeira pergunta seria sobre como chegar às mulheres vítimas de violência. Elas irão aceitar contar as histórias? Como explicar que foi a Lei Maria da Penha que as fortaleceu para sair de relacionamentos abusivos? Você está começando a refinar seu tema e seu problema de pesquisa.[2]

Alguns manuais de metodologia propõem exercícios para essa primeira tentativa de organizar as ideias a fim de formular problemas de pesquisa. Se você fez algum curso de pesquisa ou de metodologia durante a graduação ou o mestrado, volte ao material do curso. Eles ganharão um sentido diferente agora. Em geral, cursos de metodologia de pesquisa podem ser abstratos, ou até descolados da realidade, se você não estiver com uma questão de pesquisa para resolver. É como ler livros de receitas; você precisa estar com os ingredientes à mão para tentar fazer um bolo. Releia alguns dos textos de sua biblioteca de metodologia.[3] Se não fez nenhum curso do tipo em sua formação, dê uma passeada em plataformas virtuais e digite: "Programa de curso de métodos e técnicas de pesquisa."[4] Faça isso em português e em outros idiomas, use um tradutor de inteligência artificial para lê-los

---

[2] Acho que é um bom momento para assistir à banquinha sobre problema de pesquisa: *Como encontrar um problema de pesquisa?*. Disponível em: <www.youtube.com/watch?v=7gpopp-3dtg&list=PLf-Oz5dUh_nhBRwibINfuplinFvOlzvmR&index=2>.

[3] Até mesmo os textos de leitura de disciplinas devem ser arquivados em seu gerenciador de bibliografia virtual, assim você vai tendo uma memória cumulativa de seu processo de aprendizado e pesquisa.

[4] Scribd é uma plataforma acessível, com material digitalizado e atualizado.

no idioma de sua preferência. Os programas de cursos farão com que seu turismo textual seja guiado, fazendo que você não se perca na imensidão de possibilidades de leituras. Se gosta de aprender com professoras, vá em plataformas on-line e gratuitas de cursos; há opções de cursos de metodologia de pesquisa.[5] Permita-se ocupar uns dias nessa consolidação do tema e do título provisório para confirmar a viabilidade de sua pesquisa, para que seja realizável por métodos ou técnicas.

Para alinhar seu título provisório, um turismo textual nos currículos de suas ex-professoras ou autoras que admira pode ser útil. Anote os temas das pesquisas, os conceitos utilizados, estude como os conceitos se unem para formar um título de projeto ou de publicações mais recentes. Você está com o radar para medir a viabilidade de uma pesquisa ativado, pois está lendo sobre métodos e técnicas. Assim, comece a montar uma tabela de temas e iniciativas da comunidade de autoras da qual deseja se aproximar – sobretudo faça isso com o grupo de pesquisa do qual fará parte. Eu repito: faça esse dever de casa antes do primeiro encontro. Imagine que alegria o seguinte diálogo entre nós duas: "Que tal conhecer esse trabalho de nosso grupo de pesquisa?" "Sim, já o conheço, eu o li antes de marcar a conversa." Preciso confessar que meu

---

[5] A plataforma Coursera tem uma variedade de cursos de diversas universidades nacionais e internacionais. Muitos deles são legendados em português. Você pode fazer os cursos de forma gratuita, porém, se quiser os certificados, é preciso pagar uma taxa. Rosana Pinheiro-Machado e colegas ofereceram um curso on-line sobre métodos e técnicas de pesquisa no YouTube. Quando terminar a leitura desta carta, vale dar uma passeada pelas aulas. Eu ofereci o módulo sobre plágio: *Plágio e receio sobre originalidade*. Disponível em: <www.youtube.com/watch?v=BCsPFSmDKHg>.

coração disparará de contentamento. Enquanto vivo o êxtase, é o momento para você explicar como e em quais pontos você contribuirá para o que o grupo de pesquisa vem trabalhando (os seus desejos e interesses).

O NOVELO EMBOLADO

Mas como organizar esse burburinho de palavras, caminhos ou possibilidades? Eu tenho uma imagem de como deve estar seu caderno vaga-lumes agora: um novelo de linha embolado, com pedaços de fios e texturas por todos os cantos. Há uma palavra que não sei se o dicionário reconhece, ao menos a escuto em Alagoas: seu caderno deve estar um "bololô". Tente puxar fios e aprumá-los novamente – quem sabe, organizá-los por algum critério, como cores ou extensões? Uma ideia seria organizá-los em uma tabela: saio da alegoria do bololô para o cartesianismo de uma tabela com quatro colunas. Na coluna da esquerda, você escreve seu interesse de pesquisa. Na coluna seguinte, um título funcional e, na próxima, um problema de pesquisa.

Na coluna da direita, você registra com quem ou o que você se conecta no grupo de pesquisa.[6] Nessa sequência, tente alinhavar os elementos de cada coluna para que sejam uma costura com alguma continuidade. Tente fazer isso com quantos fios conseguir puxar do emaranhado, pois verá que

[6] Assista a esta banquinha, que pode ser uma pausa produtiva à leitura: *Título funcional e problema de pesquisa*. Disponível em: <www.youtube.com/watch?v=LH8KxY5-w_g>.

alguns são pedaços perdidos, a serem guardados para, em um futuro, ganharem prumo. Organize quantos fios de ideias conseguir na tabela de quatro colunas. Para nossa conversa, você não chegará com mais do que três possibilidades de fios. Ou seja, seu exercício de reflexão será pensar sobre quais são os mais promissores. Isso demandará tempo e autoconhecimento. E não descarte nenhum elemento dessa fase, você poderá voltar a esses fios depois.

Imagino que você me seguiu até aqui, mas está encucada com uma pergunta: "Mas o que é um problema de pesquisa?" Minha esperança é que você tenha experimentado o sentido do conceito, antes de me pedir a definição. Um problema de pesquisa não é um incômodo – o termo não possui significado semelhante ao que damos à palavra "problema" rotineiramente, como quando falamos: "Estou com um problema: dor de cabeça."[7] Em pesquisa, problema é aquilo que nos desassossega, que provoca nossa curiosidade acadêmica; mas que tem a possibilidade de ser explorado e, para as mais ousadas, até mesmo solucionado. Por isso, a explicação sobre a viabilidade do tema e o passeio pelos manuais de pesquisa veio antes de montar a tabela cartesiana. Há problemas de pesquisa que podem ser interessantes, mas não dispomos de meios para investigá-los, ao menos em um determinado momento de nossa trajetória acadêmica. Eu conto a história de um dos meus fios. Durante um longo

---

[7] Recomendo para trabalhar seu problema de pesquisa: Wayne Booth; Gregory G. Colomb; Joseph Williams. *A arte da pesquisa*. Tradução de Henrique Rego Monteiro. São Paulo: Martins Fontes, 2019.

tempo, eu quis realizar pesquisas com mulheres que tinham feito aborto. Porém, o aborto é ainda um crime no Brasil, por isso as mulheres e todas as pessoas que engravidam têm receio de falar com pesquisadoras desconhecidas sobre um assunto que pode ter consequências criminais para elas. Eu tinha interesse, desejo, um bom tema, um título funcional, uma boa pergunta de pesquisa, mas me faltava a viabilidade da pesquisa empírica. Como chegar a essas mulheres? Como garantir o sigilo e a confidencialidade?

Meu primeiro escrito sobre aborto com material empírico foi sobre um processo judicial, ou seja, uma pesquisa em arquivo. Em termos metodológicos, foi uma pesquisa sobre um caso único. Anos depois, com o registro de jornalista, eu garanti mais segurança legal para me mover para a pesquisa com técnicas de entrevista com as mulheres, pois passei a operar com algum marco de direito ao sigilo de dados sobre eventos ilegais.[8] Nesses últimos vinte e cinco anos de pesquisa, percorri a questão do aborto com diferentes metodologias, de entrevistas a censos em serviços de aborto legal; de fotografias e filmes a inquéritos populacionais. Com um acúmulo de conhecimento, realizei com outras autoras a Pesquisa Nacional do Aborto em três edições e, mais recentemente, a

[8] A técnica de entrevista não é exclusiva de uma profissão. Além disso, algumas profissões têm direito ao sigilo dos dados, como é o caso de profissionais da saúde ou do direito. No entanto, somente o ofício de jornalista tem direito ao sigilo de dados coletados para conhecimento público; nas outras profissões, é para relações de cuidado ou de atividade profissional circunscrita a um evento.

Pesquisa Nacional do Aborto e Raça.[9] Com essas pesquisas populacionais, conseguimos mostrar algo que se desconhecia sobre a magnitude do aborto no Brasil, mas foi preciso tempo e equipes diversas para poder realizá-las.

Esse exemplo não é para assustá-la ou fazê-la imaginar que precisará necessariamente esperar décadas para conduzir uma pesquisa. Durante esse longo tempo, fiz estudos que contribuíram para o debate acadêmico e público sobre o tema. E todos eles me satisfizeram intelectualmente. Alguns deles foram locais, pontuais ou mesmo realizáveis por alguém produzindo um texto de graduação, mestrado ou doutorado, como é seu caso, quanto ao uso da evidência empírica. Não basta um bom tema ou uma boa ideia, é preciso seriamente pensar em como explorá-la para ter uma pesquisa acadêmica que se desenvolva no intervalo disponível para o texto que irá produzir. Além disso, não se espera de você um estudo nacional com milhares de participantes ou sobre temas sensíveis como o aborto. Há questões que rondam seu cotidiano e que não exigirão tantos recursos para sua investigação. Por isso, pense nos seus interesses e desejos para a pesquisa, mas também avalie como irá realizar o seu trabalho de campo.

Nem todos os manuais de metodologia trabalham com esse conceito de problema de pesquisa. Seu principal termo substituto no linguajar de métodos de pesquisa é "objetivo geral", ou "pergunta".[10] Entenda-os como sinônimos. Eu

---

[9] Debora Diniz; Marcelo Medeiros; Pedro H. G. Ferreira de Souza; Emanuelle Góes. "Abortion and Race in Brazil. National Abortion Surveys 2016 to 2021". *Ciência & Saúde Coletiva*, v. 18, n. 11, 2023, pp. 3085-3092.

[10] Alguns manuais de metodologia utilizam "objetivo geral".

também gosto de trabalhar com a ideia de objetivo geral, pois facilita a definição de objetivos específicos, que são os nossos guias para a metodologia e as técnicas de levantamento de dados. Só nessa fase inicial de sua imersão no universo da pesquisa é que manterei a menção a "problema de pesquisa", pois acredito que seja um chamamento mais intuitivo à reflexão. Assim, para nosso primeiro encontro depois desta carta, chegue com respostas à pergunta: qual o seu problema de pesquisa? O turismo textual nos currículos e publicações, inspirado por algumas horas de reflexão solitária, resultará na admirável tabela de quatro colunas. Seu primeiro exercício minimalista será me apresentar apenas três possibilidades de título funcional, com seus respectivos problemas. Lembre-se: chegue no máximo com três possibilidades e, mesmo que esteja mais segura de um dos alinhavos, venha com três deles. Como deduziu, o título funcional é uma frase curta que representará seu tema de pesquisa. Para cada título funcional, um único problema. Nem mais nem menos do que isso, por enquanto.

O TÍTULO FUNCIONAL

Eu tinha dito que esta carta não era um tratado de metodologia. Acredite que não mudei de ideia nem me perdi nas palavras. Só não consigo escrever sobre nosso encontro de orientação sem enfrentar três unidades básicas de um projeto que os manuais de metodologia consideram indispensáveis para pensar a pesquisa: título funcional, problema de pesquisa e palavras-chave. Talvez seja um vício de professora de metodologia, por isso peço desculpas às orientadoras sem esse duplo percurso ou que pensam diferente. Há muito nos manuais de metodologia – a depender da ousadia de quem escreve, é possível encontrar desde filosofia da ciência até questões de formatação do texto ou revisão ética dos dados. Esta carta não é um minitratado de metodologia resumido em metáforas de bordado ou de cozinha. Os manuais devem ser sua leitura paralela a esta carta, ainda na fase do desembaraço do novelo embolado para a tabela. Alguns deles estarão referenciados nas notas de rodapé, você certamente descobrirá se também serão boas escolhas para você e para o tema de sua pesquisa. Você fará suas escolhas, terá suas preferências, e conhecerá as do grupo de pesquisa do qual fará parte.

Imagino que você esteja desembaraçando seu novelo. As palavras estão desorganizadas em seu caderno vaga-lumes, não se intimide com a profusão de fios; pare e admire o bololô. É preciso começar a juntar as palavras para criar fios – imagine-se recortando letras e colando-as umas depois das outras, como se fazia no tempo de trabalhos manuais. Esse exercício, que pode ser artesanal, se você quiser pensar e meditar sobre cada letra, deverá terminar num título funcional de, no máximo, quinze palavras.[11] Por que quinze palavras?

[11] Alguns manuais sugerem doze palavras (John Creswell e David Creswell defendem essa proposta para a língua inglesa). Minha experiência é que três palavras adicionais são terapêuticas para as escritoras mais prolixas. Várias revistas acadêmicas determinam o limite máximo de palavras para o título e instituíram a categoria "título corrido".

Porque o título funcional será uma luz permanentemente acesa no seu caderno vaga-lumes, mas ele não é definitivo, será revirado em todas as direções. A questão é que ele precisa ser manejável, por isso recomendo refletir sobre a extensão. É do título funcional que você tirará seu título final, a última coisa a revisar antes de finalizar o seu texto: ou seja, começamos com o título funcional como um arranjo provisório de fios para dele chegarmos na costura final do título. Mas como sair do emaranhado para algo com forma? Respondo com recomendações do que deve ser evitado, ao menos neste estágio operacional do título funcional.

Tente não ser metafórica, alegórica ou irônica com o título funcional. Evite aspas ou jogo de palavras. Seja generosa com a compreensão dele. Até as figuras de linguagem, como a metáfora, exigem precisão. Lembre-se de que, nesse momento de sua pesquisa, precisão é algo ainda distante de ser alcançado. Há quem imagine a seguinte cena como um teste da comunicabilidade do título funcional: você está em um elevador, e alguém lhe pergunta: "O que você está pesquisando?" De tão comum, esse diálogo é chamado de "teste do elevador". Que tal criarmos a nossa própria alegoria? Alguém vê suas linhas e seu novelo embolados, e pergunta: "O que você espera bordar?" Sua resposta precisa ser tão simples quanto dizer: "Uma mantinha para o meu cachorro." Para uma de minhas pesquisas atuais, minha resposta seria: "Estou estudando como as mulheres viajam para a Argentina para acessar um aborto legal." Meu bordado seria contar como essas mulheres decidem atravessar a fronteira, como fazem a viagem, quem as auxilia e como se sentem após o retorno.

O meu título funcional seria: "Mulheres brasileiras viajam à Argentina para aborto legal: um estudo qualitativo sobre redes de apoio", quinze palavras. Não sofra com a atual pobreza estética de nosso título funcional, pois ele não será o título público. Ele é funcional, e sua utilidade está em resumir, antecipar e controlar seus ímpetos exploratórios, que serão vários nessa fase inicial de definição da pesquisa. Eu mesma releio o meu título funcional e vejo que há muitas lacunas de perguntas a serem refinadas. Porém, preciso começar de um fio, e esse título será o ponto de partida. Talvez você esteja se perguntando: "Mas de onde sairão as quinze palavras do título funcional?" Elas podem sair do senso comum acadêmico, ou seja, daquele conjunto de informações que você acumulou em seus cursos. Volte ao meu título funcional e perceba que não há maiores elaborações ou sofisticações: é simples, legível e compreensível. Você pode me perguntar sobre o que entendo por "aborto legal" ou "redes de apoio" – palavras transformadas em conceitos nesse título –, ou sobre como farei o estudo qualitativo. Não se preocupe, esses serão refinamentos para serem solucionados no percurso da pesquisa, na fase de desenho metodológico ou de revisão da literatura.

Outra possibilidade é escolher algumas das palavras-chave utilizadas nos textos que localizou em seu turismo textual. Use ferramentas de inteligência artificial que recuperem publicações sobre o seu tema de interesse e que reduzam o resumo a apenas uma frase com as palavras-chave embutidas.[12] As ferramentas irão ajudá-la a condensar a abundância do material em um agregado de palavras, como pequenos resumos dos textos. Analise os conceitos mais comuns, aprecie suas variações e tendências ao longo do tempo. Outro caminho é localizar um *thesaurus* de sua grande área disciplinar. Na psicologia, por exemplo, há o *thesaurus* da Associação Americana de Psicologia. Os *thesauri* são documentos que agregam um conjunto de palavras-chave de um campo, abrangendo vários temas de pesquisa. Vários campos de pesquisa possuem *thesauri* e são atualizados periodicamente, ou seja, acompanham as transições do campo.[13]

Você ainda não deve estar convencida sobre o número quinze. Já teve quem me trouxesse o título de Denis Diderot como exemplo de títulos mais longos e famosos na história: "Carta histórica e política endereçada a um magistrado sobre o comércio da livraria, seu estado antigo e atual, suas regras, seus privilégios, as permissões tácitas, os censores, os vendedores ambulantes, a travessia das pontes e outros objetos relativos à política literária."[14] Uma resposta bem-humorada

---

[12] Elicit é um exemplo de ferramenta que apresenta alguns dos artigos mais citados ou em circulação a partir de uma pergunta de pesquisa. Os artigos são listados numa coluna, e ao lado há uma versão ainda menor do resumo do texto, ou seja, um mapa das principais palavras-chave sairá naturalmente desse resumo.

[13] Alguns *thesauri* como exemplos: Business Source Premier; CINAHL; Communication Source; EconLit; EmBase; ERIC; International Bibliography of the Social Sciences; Philosopher's Index; PsycINFO; PubMed; Sociological Abstratcs.

[14] Roger Chartier. "Diderot e seus corsários". In: *Inscrever & apagar*. São Paulo: Unesp, 2007, p. 285.

para as quinze palavras seria que você ainda não conquistou a liberdade panfletária de Diderot, alguém que escrevia contra a censura à livre circulação das obras literárias. Mas, mesmo para o autor da *Enciclopédia*, esse título deve ser considerado exagerado: são quarenta e uma palavras.[15] Com o tempo, o longo título se viu reduzido a isto: "Sobre a liberdade de imprensa." Talvez você considere que as quarenta e uma palavras de Diderot foram mais precisas do que as cinco a que se viu reduzido o título. Mas, na comunicação acadêmica, é o resumo que ocupa esse espaço da precisão com um pouco mais de extensão discursiva. Com revisões de pontuação e enquadramento à linguagem acadêmica, o título-tratado de Diderot estaria bem próximo do que você desenhará como o resumo de seu texto.

A FORMULETA

Superada a aflição do título funcional e da regra das quinze palavras, o próximo passo é escrever um problema de pesquisa. Você tem o título funcional, e o problema de pesquisa estará vinculado a ele. Imagine que há uma relação de dependência entre os dois: eles precisam estar em estreita conexão, como se um fosse o amparo do outro. Não há segredo na escrita, nem no processo de construção analítica de um problema de pesquisa. Ao menos no meu ímpeto de simplificar

[15] O livro foi escrito em parceria com Jean d'Alembert no século XVII.

essa fase, sugiro seguir uma formuleta simples, e, se há algo de original na sua enunciação, é seu caráter intuitivo. Eu me baseei em manuais de metodologia com seções de enunciação do problema de pesquisa e do objetivo geral mais detalhadas do que a formuleta que proponho:

> Meu problema de pesquisa é [verbo] [variável] [unidade de análise] [recorte temporal]

Entenda minha formuleta como uma dica que, certamente, você irá aprimorar à medida que avançar na pesquisa. Mas confesso que eu mesma parto dela quando vou iniciar um novo projeto. É um guia seguro para organizar os primeiros pensamentos, pois me obriga a pensar o problema de pesquisa ou objetivo geral em termos de suas unidades básicas de texto e de lógica argumentativa. A declaração de um problema de pesquisa deve seguir a ordem direta, sem adjetivos, com verbos simples e de investigação, com delimitação da unidade de análise e recorte temporal. Veja agora um exemplo com as unidades preenchidas:

> Meu problema de pesquisa é [descrever/conhecer/analisar] [a experiência de acesso ao aborto legal e seguro] [de mulheres brasileiras que viajam à argentina] [desde 2021, quando o aborto foi descriminalizado no país]

Imagine que palavras-chave inspiraram esse problema e que títulos funcionais poderiam descrevê-lo. As palavras-chave poderiam ser: aborto, mulheres, migração em saúde, políticas de saúde, pessoas que podem engravidar, acesso, aborto medicamentoso, lei de aborto, Argentina, Brasil. Veja que há palavras-chave em excesso nessa lista – sinal de que as possibilidades são muitas. Portanto, seu primeiro exercício será selecionar quais demarcam o escopo de sua pesquisa. A seleção das palavras-chave dará boas dicas do percurso que você deseja explorar na pesquisa, na revisão da literatura e na escrita de seu texto. Sobre esse mesmo conjunto de palavras-chave e esse mesmo problema de pesquisa, exemplos de títulos funcionais poderiam ser: "Um estudo de caso sobre migração em saúde: brasileiras buscam aborto legal na Argentina" ou "Brasil e Argentina: um estudo comparativo do acesso ao aborto por medicamentos". Novamente, perceba como os títulos indicam estudos diferentes, mesmo que em torno de palavras-chave semelhantes e do mesmo problema de pesquisa. As combinações são múltiplas. Por isso, dedique-se a pensar sobre a mensagem que cada uma delas transmitirá à sua leitora. Você fará seu primeiro exercício efetivo de comunicação científica.

O BORDADO (IM)PERFEITO

Eu sei que não é fácil solucionar – ainda mais sozinha – seu título funcional, seu problema de pesquisa e as palavras-chave. É um trabalho que parece simples se assim dito, mas colocá-lo no papel, arrumar o pensamento, desembaraçar os fios do bololô exigirá idas e vindas. Mas não se angustie: esses serão pedacinhos do seu projeto, aos quais você voltará com regularidade. Eu mesma, quando escrevo essas seções em um novo projeto, sinto um misto de tremor e contentamento. Sei que estou criando uma novidade, a qual me dará um senso de descoberta por um bom tempo. Nesse processo, aprendi a conviver com o tremor da criação acadêmica, e meu conselho é que comece a fazer o mesmo.

Eu me inquieto sobre a origem desse tremor. Por que a escrita e a pesquisa acadêmicas não poderiam ser mais alegres e pacíficas em nós? Há a competição, os julgamentos e as críticas, é verdade – e falarei deles mais adiante. Mas em um mergulho só em mim mesma, eu me pergunto se seria receio de fracassar, de não escrever algo razoável, de não fazer uma pesquisa que chegue a algum lugar. Escavando mais fundo, acho que há elementos de dois espectros que me acompanham e que, talvez, estejam também presentes em outras orientadoras e muitas orientandas: a ilusão da perfeição e o espelho da impostora. Meu bordado jamais será perfeito, e essa é a característica de minhas habilidades – não só na pesquisa, mas na vida.

O que preciso fazer é me afastar da ilusão da perfeição e me aproximar da realidade do possível a ser concretizado, conhecendo melhor o que se espera de mim como uma acadêmica. Lembra-se de que falei do bordado imperfeito no início desta carta? Não faço um jogo de palavras, mas sim uma composição sobre conhecimento, métodos e resultados na pesquisa acadêmica. Também é preciso se afastar do espelho da impostora: as autoras que admiramos precisam iluminar nosso caminho, e jamais se posicionarem em nossa frente como um espelho que nos intimida. Imagine-se bordando um tapete gigante: à medida que for avançando, você irá se aperfeiçoando e terá vontade de refazer os pontos iniciais. A alguns você poderá retornar, outros ficarão por ali como sinais de um novo ofício que vai sendo aprimorado.

Talvez não exista nada tão paralisante quanto a ilusão da perfeição. É um ideal inatingível, até mesmo perverso contra nós. Há quem descreva a ambição pela perfeição com uma linguagem diferente da minha, abordando-a como um sofrimento mental.[16] Permita-me ser simplória aqui. Ouço gente que diz: "Eu demoro mais que as outras pessoas porque gosto de minhas coisas perfeitas" ou "Eu gosto de tudo perfeitinho". Há várias maneiras de entender essas frases, mas uma delas me preocupa, e a descrevo como a ilusão da perfeição: essa busca por um estado de controle pleno da pesquisa, do texto, da revisão da literatura e até mesmo do pensamento – o que é impossível e frustrante. É preciso aceitar nossa criação acadêmica como imperfeita (o bordado será imperfeito), o que não é o mesmo que se entregar a erros metodológicos que poderiam ser evitáveis, trabalhar com preguiça na revisão da literatura, ou apresentar um texto repleto de equívocos de linguagem.

---

[16] Thomas Curran descreve como uma "epidemia da perfeição" o tempo em que vivemos (Thomas Curran. *A armadilha da perfeição: o poder ser bom o suficiente em um mundo que sempre quer mais*. Tradução de Guilherme Miranda. São Paulo: Fontanar, 2024).

A imperfeição é nossa condição humana e, apesar de ela estar presente também na vida acadêmica, há formas de nos protegermos de seus efeitos: se formos transparentes na escrita e no uso de nossas fontes, na descrição do método da pesquisa, na abrangência de nossos resultados, se assumirmos até onde conseguimos ir com nossas afirmações. Errar é algo grave na pesquisa acadêmica, por isso insisto na transparência dos métodos, no rigor das fontes de pesquisa, na humildade sobre como os argumentos foram produzidos e sobre como evitar o plágio. Mas ser imperfeita não é um passe livre para ser distraída; é apenas um acalento para afastar a ilusão da perfeição que nos projeta para uma dimensão imobilizadora.

O segundo espectro de tremor é o espelho da impostora.[17] Algumas pessoas o descrevem como "síndrome da impostora" – assim mesmo, no feminino e, novamente, com terminologia medicalizante.[18] A expressão carrega um conjunto de sentimentos ambíguos e depreciativos sobre nós mesmas: há momentos em que nos sentimos uma fraude, em que o conhecimento não é suficiente ou que parece que os outros

---

[17] Uma das banquinhas mais assistidas foi a que conversei sobre a "síndrome da impostora": *Síndrome da impostora*. Disponível em: <www.youtube.com/watch?v=rsR1cESByLg>.

[18] A Associação Americana de Psicologia discute a síndrome da impostora em conjunto com o perfeccionismo. Não sou capaz de oferecer uma leitura crítica da psicologização desses hábitos, assim lhe peço cautela para qualquer ímpeto de medicalização (Kirsten Weir. *Feel Like a Fraud? American Psychological Association*. Disponível em: <www.apa.org/gradpsych/2013/11/fraud>).

sabem mais do que nós.[19] Talvez, a experiência mais aguda seja a de despertencimento: a de que os lugares acadêmicos não nos pertencem. Há espelhos convocando o sentimento de impostora em várias esquinas da nossa trajetória, e ainda que a vida acadêmica tenha se diversificado – primeiro com a presença de mulheres, depois com estudantes diversos e da primeira geração familiar a alcançar a universidade – esse ambiente ainda pode ser marcadamente cis-masculino, branco e elitizado.[20] Eu sinto dizer, mas você irá sentir o espelho da impostora amedrontá-la, o que irá variar é a intensidade do reflexo. Há quem acredite em medicalização ou táticas para enfrentar os sentimentos ruins, mas eu arriscaria um caminho alternativo e que não exclui outros – o de falarmos entre nós e com outras pessoas quando esses espelhos ofuscarem você, quando os espelhos a agredirem ou quando você experimentar qualquer sinal de depreciação.

A vida acadêmica é abundante em arrogância, orgulho e práticas classistas. Estas simples frases: "Como você ainda não conhece esse ou aquele autor?" e "Como você não lê nesse ou naquele idioma?" carregam interpelações sobre classe social, origem, idade, gênero, atipicidade, raça, circulação de conhecimento, acesso a leitura, bibliotecas, livros e aprendizados. E qualquer tentativa de resposta a elas é como um desnudamento de si a um espelho inquisidor, que pergunta: "Quem

[19] Discuti o sentimento de fraude e a imobilização causada por ele nesta banquinha: *Eu não sou uma fraude*. Disponível em: <www.youtube.com/watch?v=VAdNpPYzJIw>.

[20] A banquinha *Como a periferia pode ingressar na pós?* (disponível em: <www.youtube.com/watch?v=Fev6C7yZilc>) tratou alguns desses elementos que são barreiras para o pertencimento.

é você, para ser uma de nós?"[21] Essa é uma realidade que está mudando rapidamente, mas suas raízes estão incrustadas no funcionamento da vida acadêmica. A Academia é um espaço com valores e maneirismos das elites cis-masculinas brancas e intelectuais, que ambicionavam ser representantes do iluminismo colonizador. Por isso, transformá-la é urgente. Eu sei que esses eventos consomem sua energia vital que poderia estar na criação, mas ela estará também na transformação das estruturas injustas. Para acalentar um pouco sua angústia, estarei ao seu lado para escutá-la e enfrentar, com você, quem posicionar espelhos no seu caminho. Você não é uma impostora: todas somos criadoras em potencial, pesquisadoras em permanente estado de aprendizado, escritoras a exercitar a palavra e o argumento.

Eu queria que nosso tremor da criação fosse apenas resultado de nossa inquietação intelectual sobre onde estamos e aonde queremos chegar. Seria um tremor legítimo sobre o que precisamos percorrer para realizar nossas ideias em argumentos. Infelizmente, o tremor será atravessado por essas ilusões sobre si mesma e projeções dos outros em nós, como a ilusão da perfeição ou o espelho da impostora. Temos que desenvolver mecanismos para superar e enfrentar essas ilusões. Para isso, o grupo de pesquisa será seu amparo. Nele, você encontrará outras pesquisadoras em estágios de trajetória acadêmica parecidos com o seu, como também outras um

---

[21] Discuti o aspecto inquisitorial dessa pergunta na banquinha: *Você não leu?*. Disponível em: <www.youtube.com/watch?v=mEGggoITW5c>.

pouco mais avançadas. Essa troca de vivências e enfrentamentos é fortalecedora, pois nos arranca da solidão à qual a ilusão de perfeição e o espelho da impostora nos confinam. Quando se encontrar nesses momentos aflitivos que a farão duvidar de suas escolhas e de seu direito de permanência, inspire-se na "escrevivência" de Conceição Evaristo, na "escrita para vingar minha raça" de Annie Ernaux e no "pensamento para curar as feridas da inquietação" de Mia Couto.[22]

Eu vivi situações inquietantes em minha trajetória acadêmica. Muitas delas por trabalhar interdisciplinarmente, pois é fácil me interpelar desde a ortodoxia de um campo: eu sou uma amadora de vários conhecimentos e, talvez, em nenhum deles eu seja uma especialista em notas de rodapé dos autores, ou alguém que acompanha os debates mais recentes sobre uma determinada controvérsia.[23] Ao viver em trânsito entre os campos, vivo em estado de encantamento com o conhecimento, mas também enfrento tentativas insistentes de descredenciamento da palavra. Em um de meus filmes, tiveram a ousadia de me questionar: "Como você tem coragem de

---

[22] Conceição Evaristo. "Da grafia-desenho de minha mãe, um dos lugares de nascimento de minha escrita". In: *Escrevivência: a escrita de nós. Reflexões sobre a obra de Conceição Evaristo*. Organização de Constância Lima Duarte e Isabella Rosado Nunes. Rio de Janeiro: Mina Comunicação e Arte, 2020, p. 49; Annie Ernaux. *A escrita como faca e outros textos*. Tradução de Mariana Delfini. São Paulo: Fósforo, 2023; Mia Couto. *E se Obama fosse africano?* São Paulo: Companhia das Letras, 2011, pp. 99-106.

[23] Gosto de me apresentar como "uma amadora engajada". No livro *Esperança feminista*, exploro as origens dessa ideia e a inspiração em Edward Said ("Representações do intelectual"; "Falar a verdade ao poder". In: *Representações do intelectual: as conferências Reith de 1993*. Tradução de Milton Hatoum. São Paulo: Companhia das Letras, 2005, pp. 19-36; pp. 89-104).

exibir isso na tela?";[24] ouvi que não era jurista ou médica para falar de aborto; fui inquirida sobre a legitimidade do corpo por escrever sobre deficiência. Às vezes, penso se não foi por isso que me tornei professora de metodologia de pesquisa – um campo subalternizado por acadêmicos, que me permitiu distribuir o poder de fazer ciência e produzir conhecimento para muitas pessoas. Este livro é resultado também dessa minha trajetória à margem e, ao escrevê-lo em formato de carta, embrenhei-me em um novo espaço de criação.

Os livros de metodologia são obras sérias, cheias de números e fórmulas sobre como as coisas devem ser; são a voz da normatividade na ciência. Em geral, são tratados dogmáticos escritos por homens, revisados e atualizados por décadas como obras de referência. Quando escrevi a primeira versão desta carta, eu ainda era uma pesquisadora e professora que precisava se consolidar como alguém num universo em que, simplesmente, escrever no feminino era motivo de rejeição.[25] Durante anos, busquei nos manuais dogmáticos as palavras de conforto sobre como sobreviver ao mundo da pesquisa e da escrita, vasculhei em busca de como aprender formas básicas de sobrevivência,

---

[24] Essa cena aconteceu em um festival em que era exibido o meu primeiro filme, *Uma história Severina*. Direção: Debora Diniz; Eliane Brum. Brasília: ImagensLivres, 2004 (24 min). Disponível em: <www.youtube.com/watch?v=65Ab38kWFhE>.

[25] Em uma das edições anteriores desta carta, ilustrações da artista Valentina Fraiz compuseram o livro (Instagram: @estudioanemona). Um leitor me escreveu incomodado, dizendo: "Não leio um livro escrito no feminino e com ilustrações infantis." Eram aquarelas, numa delas tinha meus cachorrinhos e a poltrona da discórdia.

até mesmo para saber o que seria ser uma orientadora ou uma orientanda.

Não encontrei alento nesses livros. Parecia até um aprendizado iniciático: era preciso ser uma pessoa da comunidade, filha de outras pessoas da comunidade – o que não é a minha história – e, pela experiência ou convivência, saber o que seria vivido. Quando comecei a escrever esta carta, o espelho da impostora, daquela que ensaia outra escrita e diz coisas de que muitos irão discordar por, simplesmente, serem ditas, me acompanhava. Eu vivia o tremor para além de sua prudência criativa, o que experimento quando faço documentários ou fotografo: era um tremor de não ser reconhecida como uma escritora acadêmica, o sentimento de ser rejeitada como alguém deslegitimada para participar de determinada comunidade.[26] Foram as leitoras, em particular as recém-chegadas à vida acadêmica, que validaram o que liam. Ainda hoje, não sei como definir o gênero deste livro: seria um livro sobre métodos e técnicas? Sobre escrita acadêmica? Uma carta íntima e pública? Desisti de defini-lo, e isso também acalmou meus tremores.

---

[26] A fotografia e o filme são formas de eu contar histórias. Uso-os assim como faço com a palavra escrita. No entanto, ambos são meios estéticos de campos com critérios de julgamento que podem ser paralisantes para uma amadora. A prudência criativa é como uma lente que me acompanha para me permitir fotografar e filmar, mesmo sabendo que meus retratos e filmes são marginais aos campos da fotografia e do documentário.

O ENCONTRO COM A LEITURA

A leitura será uma atividade permanente como pesquisadora. Espero que você tenha prazer na leitura, como eu tenho. Ela precisará ser feita durante todo o período de elaboração do projeto de pesquisa, participação no grupo de pesquisa, trabalho de campo, escrita de sua monografia, dissertação ou tese. Ler é fazer escolhas, ou seja, é mais do que se deixar levar pelo que cruzar o seu caminho. Não haverá um momento final em que você poderá dizer: "Acabei a revisão da literatura", semelhante ao marco zero da pesquisa, registrado no seu caderno canteiro de obras. Nosso segundo caderno entra em cena com a leitura e a revisão da literatura – é nele que anotamos ideias soltas, pedaços de fio ainda por desembolar com outras leituras, livros por buscar na biblioteca ou em livrarias. No caderno canteiro de obras, que também sugiro que o tenha físico, é onde você anota os pensamentos sobre o processo de leitura e escrita. O que o diferencia do caderno vaga-lumes? Esse último é sobre sua relação com a orientação e o grupo de pesquisa, sobre o instantâneo do encontro. No canteiro de obras, há você e suas criações: imagine-o como um espaço para exercitar a construção de argumentos, conectando-os a autoras e conceitos, ritmos e listas de leituras. Ambos os cadernos são pessoais e confusos, só você os entende.

A leitura acadêmica tem rotas e propósitos. Há muito para ler, e o tempo é mais exíguo do que nossa vontade exploratória. Você fez leituras recomendadas por suas professoras nas disciplinas que cursou na graduação, no mestrado ou no doutorado: essa biblioteca acadêmica particular será útil para o arranjo inicial sobre o que ler e por onde começar. Mas essas fontes não serão suficientes para a escrita de seu texto. Planeje-se para identificar o que irá ler e, se conseguir, em que ordem de prioridade. Não me estranhe, pois pareço estar deixando mais complexa uma das atividades de prazer da qual, talvez, você estivesse segura sobre como conduzir na pesquisa. A verdade é que essa sua experiência acumulada com a leitura será um acelerador fabuloso para o que chamamos de "revisão da literatura", ou seja, você não sairá lendo o que passar em suas mãos: uma curadoria precisa guiá-la nessa fase. O grupo de pesquisa será um alento, pois compartilhará com você a biblioteca construída – e é a partir dela que você precisará selecionar as prioridades. Lembre-se de que você tem um calendário cujos prazos são preestabelecidos.

Se não está convencida do que escrevo, faça um exercício de autodescoberta. E você não precisa compartilhar com ninguém suas respostas. Você conhece seus ritmos de leitura? Quantas horas diárias dispõe para ler? (Se você não dispõe delas, responda em minutos, então). Lembre-se de que a leitura é só uma das atividades de pesquisa, há ainda o trabalho de campo, a escrita, a revisão, as reuniões. Quanto tempo você precisa para ler um livro acadêmico de duzentas páginas? Quanto tempo você precisa para estudar esse mesmo livro? Iremos falar da diferença entre ler e estudar, mas tente responder intuitivamente e anotar suas respostas no canteiro de obras. Quanto tempo você precisa para ler um artigo acadêmico de trinta páginas? E uma tese de doutorado de trezentas? Faça algumas métricas básicas, sabendo que, à medida que for avançando na prática da leitura e do estudo acadêmicos, você irá acelerar ou reduzir o ritmo – a depender da obra e de seus objetivos. Com essas métricas só suas, olhe agora o tempo que dispõe para a fase em que está de sua monografia, dissertação ou tese. Há tempo para ler vinte e cinco livros, ou apenas cinco? Há tempo para ler quantos artigos? Tente não escapar de minhas perguntas com a sombra da arrogância acadêmica, dizendo que é preciso centenas de referências em seu texto – nossa conversa agora é sobre o que é realista fazer; adiante, enfrentaremos esse equívoco das muitas referências como símbolo de status.

O MAPA DE AUTORAS

As ferramentas de inteligência artificial aceleraram e facilitaram nosso trabalho de revisão da literatura e de construção de mapa de autoras.[1] No passado recente, líamos uma fonte,

[1] Houve três banquinhas sobre mapa de autoras e mapa de literatura. Nelas, ainda não havia discutido como novas ferramentas de inteli-

percorríamos as referências bibliográficas do fim do texto e montávamos quadros de referências cruzadas, ou seja, buscávamos quem aquela fonte citou para preparar o próprio texto. Fazíamos manualmente – imagine o tempo que isso tomava. Nessa busca, as palavras-chave eram fundamentais, pois os textos eram recuperados de bases bibliográficas com centenas de milhares de fontes.[2] Com as fontes e as autoras numa lista, montávamos um mapa visual de autoras ou conceitos. A lógica continua a mesma, só que com as ferramentas de inteligência artificial quem faz esse trabalho é uma máquina, e cabe a você duas coisas: localizar alguns poucos textos essenciais para o seu campo de pesquisa e listar perguntas relevantes relacionadas ao seu problema de pesquisa.

O mapa é uma prática que nos permite medir a extensão e as fronteiras do que iremos percorrer. Exercitemos esse processo com a investigação sobre mulheres brasileiras que viajam à Argentina para um aborto legal. A busca não deve se limitar exatamente ao seu problema de pesquisa. Precisa ser, ao mesmo tempo, específica e abrangente (um pouco paradoxal, reconheço). Eu começaria a revisão da literatura

---

gência artificial podem ser úteis para a construção de mapas: *Mapa de literatura – Parte 1* (disponível em: <www.youtube.com/watch?v=PF-P_50GMe4>); *Revisão da literatura* (disponível em: <www.youtube.com/watch?v=bot5N7e_uv4>); *Revisão da literatura* (disponível em: <www.youtube.com/watch?v=-5Be2SzODMI>).

[2] As bases bibliográficas são úteis, e devem ser utilizadas em paralelo aos aplicativos de inteligência artificial acadêmicos. Algumas bases acessíveis são o Google Scholar, a Biblioteca Virtual Scielo e a plataforma de periódicos da Capes. Há centenas de bases internacionais que sua universidade, talvez, tenha acesso.

com um dos elementos mais concretos da pesquisa, os estudos empíricos. No aplicativo de inteligência artificial de sua escolha, eu digitaria: "Liste artigos com estudos empíricos sobre mulheres ou pessoas que viajam para acessar o aborto em outros países"; "Liste artigos que analisam a migração de mulheres ou pessoas brasileiras para a Argentina, Uruguai, Colômbia, México e Portugal para acessar um aborto"; "Liste artigos sobre migração em saúde nos últimos cinco anos"; "Liste as referências mais citadas sobre criminalização do aborto e saúde pública" etc. Cada comando abrirá um leque de respostas e referências bibliográficas, e você verá que a própria ferramenta refinará o comando inicial: você passará horas lançando novos comandos, e a máquina irá respondendo, até que alcançará a exaustão ou a circularidade das respostas. Vá tomando notas das referências no seu caderno canteiro de obras e, se localizar os textos, não interrompa a garimpagem para lê-los – só os salve com metadados que permitam que você os localize adiante.[3]

Esse é um exercício que todas as pesquisadoras devem realizar. Mesmo que você venha a fazer parte de um grupo que compartilhará com você as fontes produzidas ou referências coletadas para a pesquisa, esse é um exercício que a deixará

---

[3] Cada pesquisadora terá uma forma de catalogar as fontes. Conheça o vocabulário adotado por seu grupo de pesquisa. Adote um que seja consistente em sua revisão da literatura. Eu recomendo que pense em alguns desses elementos: ano de publicação; sobrenome da autora; palavra-chave do texto; título do periódico. Por exemplo: (2024_diniz_aborto_argentina_journalofscience). Além disso, a fonte deve estar arquivada em seu gerenciador de bibliografia para que seja recuperada quando estiver escrevendo seu texto.

mais segura para avaliar o que irá receber, pois você mesma fará uma curadoria. Além disso, sua busca poderá chegar a algo desconhecido pelo grupo – o que seria uma agradável contribuição. Recomendo que pratique o turismo textual e que, se for seguir a carreira acadêmica, mantenha-se antenada aos novos aplicativos acadêmicos de inteligência artificial que possam acelerar esse trabalho, que é de base para a pesquisa. Lembre-se: as ferramentas não guiam você, é você quem guiará as perguntas, os comandos e a suspeita sobre as ausências. Rapidamente se dará conta de que os aplicativos de inteligência artificial fazem circular fontes em língua inglesa e um sistema de reconhecimento com estruturas de poder injustas contra as pesquisadoras do sul global. Por isso, é fundamental o recurso às bases nacionais ou a outros idiomas de seu interesse. E não se intimide com a variação de idiomas durante a busca, pois há ferramentas de tradução – inclusive para textos em formatos fechados (como PDF) – que permitem uma compreensão razoável para quem ainda está em fase de aprendizado de outro idioma.[4]

Mas há algo que a maravilha dessas ferramentas não recupera: o que estranhamente a ciência da informação descreve como "literatura cinzenta", isto é, produções acadêmicas que não foram publicadas em periódicos indexados de bases bi-

[4] Vale estudar outro idioma, em particular a língua inglesa. É lento, e sei que é difícil. Há vários cursos on-line, alguns deles gratuitos. Tente começar por aí, se não tiver como acessar um curso presencial. Mas não deixe de aprimorar sua capacidade de leitura em língua inglesa, pois um universo de possibilidades acadêmicas irá se abrir para você. Apenas siga no seu tempo e ritmo; as ferramentas de tradução a socorrem enquanto se aperfeiçoa.

bliográficas ou textos como dissertações ou teses. Há um viés no que aparece nas buscas e no que é deixado de fora: quanto mais em circulação estiver uma fonte, maiores as chances de identificação pelos buscadores. A ciência da informação oferece uma justificativa para esse sistema: a pesquisa acadêmica se move pela revisão de publicações por editores, e a chamada "literatura cinzenta" não foi submetida à avaliação crítica por pares. O argumento é razoável, por isso é preciso cautela com nossos ímpetos de descobridora ao sair à procura de fontes marginais à circulação acadêmica. Mas cautela não significa ignorar que há estruturas de poder que facilitam ou impedem a entrada de algumas vozes e ideias.[5] O cânone acadêmico reproduz sistemas injustos de representatividade e conhecimento, por isso é fundamental conhecê-lo e expandi-lo.[6]

Nessa fase de levantamento bibliográfico, há algo que você deveria evitar: escrever para autoras ou professoras, de quem conhece a produção acadêmica, pedindo "referências bibliográficas". Eu recebo dezenas de mensagens por redes

---

[5] Um alerta sobre os riscos do esquecimento ou do uso "tokenista" de fontes pode ser encontrado em Djamila Ribeiro, *Pequeno manual antirracista*. São Paulo: Companhia das Letras, 2020. O sistema hegemônico de circulação de publicações e a consequentemente legitimação das ideias caminha na fronteira do epistemicídio. Para pensar os efeitos da inclusão de certas autoras e exclusão de outras, vale ler Sueli Carneiro, "Enegrecer o feminismo: a situação da mulher negra na América Latina a partir de uma perspectiva de gênero". *Revista Estudos Feministas*, 2001, v. 9, n. 1, pp. 145-153. Houve uma banquinha sobre o tema: *O que é epistemicídio?*. Disponível em: <www.youtube.com/watch?v=9xZfvGJuPA0>.

[6] Toni Morrison. "Coisas indizíveis não ditas: a presença afro-americana na literatura americana". In: *A fonte da autoestima*. Tradução de Odorico Leal. São Paulo: Companhia das Letras, 2020, pp. 213-259.

sociais solicitando textos ou sugestões de leituras, algumas telegráficas no conteúdo: "Por favor, poderia me enviar tudo o que você tem sobre estudos de violência contra a mulher?" Eu sinto um misto de compaixão e inquietação com essas mensagens. Não sei dizer se há indolência na escrita; o mais certo é que há uma ingenuidade sobre as regras de etiqueta acadêmica. E antes que alguém diga "mas o que custa compartilhar uma biblioteca virtual?", eu sustentaria que essa é uma demanda imprópria.

Compartilhamos fontes e dados de pesquisa com quem estabelecemos uma relação profissional, como a de orientadora e orientanda, e a de parceiras de pesquisa. Como contei, guardo notas de leitura em minha biblioteca virtual, e esse não é um material que gostaria de partilhar com pessoas que desconheço. Cada grupo de pesquisa ou cada orientadora possui um conjunto de pesquisadoras para cuidar. Há muito o que você pode fazer sozinha, e espero tê-la ajudado com as dicas de revisão da literatura – etapas que você pode realizar antes de escrever para alguém num ímpeto desesperado. Você pode cruzar com essa pesquisadora adiante em sua carreira acadêmica, e acredito que você não gostaria de ser lembrada por uma mensagem irrefletida do meio da madrugada.

Por sua própria conta, com a minha orientação e com o apoio do grupo de pesquisa, você chegará a um universo de fontes muito maior do que conseguirá ler ou estudar. Há uma diferença entre as duas ações: nós lemos mais do que estudamos os textos. A leitura pode ser de conhecimento e exploração, ou mesmo para construção de memória bibliográfica.

O estudo exige várias leituras, demanda notas ou fichamentos, escrita de memorandos, fontes complementares a uma obra para que se compreenda sua densidade.[7] Em geral, paramos para estudar autoras e obras mais conceituais e teóricas do que os estudos empíricos. Audre Lorde, Gloria Anzaldúa, Toni Morrison, Lélia Gonzalez, Paulo Freire, María Lugones, Sueli Carneiro, Georges Didi-Huberman, Rita Segato, Didier Fassin, Judith Butler, Michel Foucault e bell hooks são algumas autoras que pedem estudo, isto é, uma pausa longa na leitura para sua compreensão. Diferentemente dos estudos empíricos, essas são leituras que fazemos para construir nossas lentes conceituais: é a partir delas que aprimoramos nossos sentidos analíticos para o trabalho de campo e para a escrita. Se há um senso de descoberta na leitura de textos com pesquisas empíricas, há uma experiência lenta e profunda de transformação com as autoras conceituais, as chamadas "autoras fortes".[8]

Faço uma pausa no conceito de autoras fortes. Quem são elas? Aquelas que nos orientam para construir as lentes conceituais. São elas que nos animam a elaborar perguntas de pesquisa para que sejam mais do que repetições do já dito. A arrogância acadêmica faz crer que precisamos citar de Aristóteles

[7] Houve esta banquinha: *Notas e memorandos*. Disponível em: <www.youtube.com/watch?v=Pq3m82_qgeo>. Se quiser ler sobre como escrever um memorando, recomendo: Anselm Strauss e Juliet Corbin. *Pesquisa qualitativa: técnicas e procedimentos para o desenvolvimento de teoria fundamentada*. Tradução de Luciane de Oliveira da Rocha. Porto Alegre: Artmed, 2008.

[8] Harold Bloom chamava de "autores fortes" aqueles que marcaram o cânone literário. Com liberdade de referenciar autoras que jamais foram incluídas no cânone, transformo o gênero do conceito.

a Immanuel Kant ou de Karl Marx a Pierre Bourdieu para que um estudo seja respeitável. Há uma tolice nessa fantasia, e espero que isso seja evidente para você. É preciso uma trajetória acadêmica densa para conhecer e referenciar criticamente esses autores, sobretudo porque eles representam uma forma canônica do pensamento. Da lista das autoras que citei como inspiradoras, esses personagens canônicos não fazem parte – essa é outra tarefa de garimpo antes de se aproximar de um grupo de pesquisa: qual o marco teórico ou conceitual adotado pelas pesquisadoras? Qualquer que seja o caminho teórico que venha a adotar, eu recomendaria que você buscasse inspiração no cânone acadêmico de seu campo, mas que também se aventurasse para as margens dele, que pensasse interdisciplinarmente não só para a ciência, mas também para as artes, e que fosse comedida no uso de suas autoras fortes. Na graduação, trabalhar com apenas uma autora forte e um recorte de sua obra; no doutorado, talvez, com a obra dessa mesma autora em mais profundidade. Assim, vamos seguindo nossa trajetória de aprendizado sobre quem nos antecede e acompanha no pensamento.

Você recuperará muitas fontes e terá um horizonte de autoras fortes a explorar. Antecipo-lhe que terá mais informação do que a que conseguirá desembaraçar no tempo de graduação, mestrado ou doutorado. Não faça do calendário um adversário, tome-o para si, domine-o à luz do mapa de autoras e fontes que organizou. Essa é a ideia da fase de levantamento da literatura e do turismo textual nas fontes: antes de iniciar a leitura ou o estudo, tente organizar o material em um mapa visual. Algumas ferramentas digitais ajudarão você a montar o mapa de conexões automaticamente. Mas, talvez, você queira construir manualmente seu mapa no seu caderno canteiro de obras; ou digitalmente, para refletir sobre como as autoras e as fontes se conectam ou extravasam o horizonte de possibilidade do seu calendário. Há ferramentas digitais intuitivas e eficientes para a construção de mapas visuais.[9]

O TURISMO TEXTUAL

Faço outra pausa para explicar o que chamo de turismo textual: é passear pelas fontes, atravessá-las sem oferecer a paragem de leitura cuidadosa. Estudá-las não deve ser uma opção na fase de construção do mapa de autoras ou de revisão da literatura. Você selecionou as ferramentas de busca bibliográfica e chegou a dezenas de fontes; foi a outras ferramentas de busca e construiu os mapas de relações entre as autoras e os argumentos; identificou mais referências, e sabe quais são os marcos de discussão sobre o seu tema. Eu imagino que você tenha, no mínimo, uma pasta com cinquenta fontes. É excessivo ir imediatamente à leitura, não sei se estamos de acordo. Volte ao seu cronômetro pessoal de ritmos de leitura: quanto tempo você necessita para um texto de vinte páginas? Duas horas? Vamos ser otimistas para facilitar a matemática.

---

[9] O Canva é uma ferramenta que vale a pena ser conhecida para apresentações acadêmicas, publicações em redes sociais e construção de mapas visuais ou calendários.

Os cinquenta textos lhe consumiriam cem horas. Não há nenhuma outra fonte nesse mapa rudimentar. Quantas horas ou minutos você tem por dia para a leitura, considerando seu cronograma para o texto em que está trabalhando? Se for uma hora, você precisou de cinquenta dias só para esse amontoado de textos que ainda não foi submetido a uma curadoria para definir se deveria ler todos ou só alguns.

É por isso que o turismo textual deve ser feito. Para cada fonte recuperada, você não irá lê-la integralmente: vá ao título, resumo, palavras-chaves, final da introdução, passeie nos métodos, leia a conclusão, dê uma checada nas referências bibliográficas para ver se cruzam com aquelas recuperadas pelas ferramentas digitais. Por que esse voo panorâmico com pausas estratégicas? Porque pelo título, resumo e palavras-chaves você tem uma ideia mais segura do que se trata o texto, identificará se o estudo é empírico ou conceitual, conhecerá as conclusões, por exemplo. Recomendo que você não descarte nada do que recuperou, apenas organize o material a partir do turismo textual em dois códigos: "para leitura" e "para arquivo". Depois dessa primeira seleção, avance mais um pouco na curadoria dos textos com o código "para leitura". Analise o final da introdução, onde as autoras indicam o problema de pesquisa; pule para a conclusão, onde os resultados são explicitados. O final da conclusão é uma parte estratégica para refinar seu problema de pesquisa, pois é onde estão as questões ainda a serem exploradas por novas pesquisas. Se for preciso, passeie pelos métodos. Com esse segundo refinamento, você decidirá em que código o texto ficará.

O turismo textual é, particularmente, eficiente para o mapeamento dos estudos empíricos ou textos conceituais mais curtos. Para a decisão sobre em quais autoras fortes e livros mergulhar, recomendo a conversa comigo e com o grupo de pesquisa. Há autoras e tradições que não conversam entre si, a não ser em tensão crítica aguçada. Há uma tendência na iniciação à escrita e ao pensamento acadêmicos em aproximar autoras diferentes, o que pode trazer dificuldades, senão equívocos, em sua argumentação. A sua pesquisa é também um momento de pausa para mergulhar em algumas poucas autoras fortes e deixar muitas outras de lado. Conhecer a diversidade do pensamento e das autoras nas disciplinas de graduação, de mestrado ou de doutorado tem um papel de formação escolástica, mas você terá que selecionar quais autoras fortes comporão suas lentes para pensar seu problema de pesquisa. O mergulho nas autoras fortes é uma das etapas mais fascinantes, porém também uma das mais densas da trajetória acadêmica. É nessa etapa que você irá se beneficiar do grupo de pesquisa para a troca de compreensões e dúvidas sobre os argumentos, sobre o que ler agora ou deixar para ler depois.

OS RABISCOS, OS FICHAMENTOS E OS MEMORANDOS

Ler é uma prática solitária que pode ser de encantamento, algumas vezes de inquietação ou até mesmo de angústia. Falamos que há autoras mais fáceis, outras nem tanto. Não sei se isso aconteceu com você, mas, comigo, muitas vezes:

assisti a um filme ou li um livro que me encantou em um momento e, tempos depois, ao retornar a eles, não senti mais o mesmo. O contrário também me passou: uma obra que tomei como desinteressante ou difícil me pareceu adorável em outra ocasião. Cada leitura é um encontro íntimo com a obra – entre nossos pensamentos e a leitura, entre nosso caderno canteiro de obras e o que encontramos no texto. Além disso, uma longa tradição de escrita acadêmica – embrenhada em um elitismo para distanciar-se do mundo comum – fez questão de escrever num jargão próprio e com formatos argumentativos herméticos. Tristemente, ainda há quem sustente que escrever textos acadêmicos é rebuscar-se nas palavras e frases. Não é, e se alguém duvida de você, peça para ler os livros de Eliana Alves Cruz, Susan Sontag ou Cidinha da Silva (e não vale dizer que elas não são apenas acadêmicas, mas principalmente ficcionistas).[10] Busque leituras que inspirem sua escrita tranquila, como deve ser sua jornada na vida acadêmica. A sofisticação deve estar no pensamento, na construção do argumento e no cuidado em seu trabalho de campo.

Mas o que fiz quando cruzei com autoras que considerei árduas de seguir na primeira leitura? Eu tomo a dificuldade como uma questão minha, não como um julgamento sobre qualidades retóricas da escritora. Eu que decido o que ler e

[10] Arrisque-se na escrita e na arte como faz Marcia Tiburi: é autora de livros filosóficos e de ficção, artista plástica e professora de cursos virtuais, além de presença ativa nas redes sociais.

quando. Se estou convencida de que a autora é alguém que desejo ou preciso conhecer a obra, ou melhor, que devo estudá-la, traço um plano de superação de minhas dificuldades. Não há nada de excepcional no que descrevo como um plano de "boias de leitura" em três passos: assistir a aulas sobre a autora, ler manuais e comentaristas sobre sua obra e começar por artigos em vez de livros.[11] As boias podem servir para suas leituras solitárias ou com o grupo de pesquisa. Explico cada uma das boias com uma referência de autora que leio muito, ou seja, alguém que inspira minhas lentes conceituais para as questões de gênero e que recomendo como autora forte para minhas orientandas: Judith Butler. Tome meu exemplo como algo particular e que, talvez, algumas leitoras o considerem prosaico demais.

A primeira vez que li Judith Butler foi com *A vida psíquica do poder: teorias da sujeição*.[12] Fiquei fascinada, mas sabia que havia mais do que eu conseguia entender. Sentia que minha leitura era superficial, como se houvesse níveis mais profundos e que, sozinha, eu não conseguia alcançar. Eu precisava de boias para navegar no que lia. Saí à procura de aulas disponíveis sobre a obra nas redes virtuais, e até mesmo busquei palestras de Butler que tangenciassem o tema. Se fosse estudante de

---

[11] Eu ainda agrego uma quarta boia: se a obra tem o original em outro idioma, eu leio o original, caso consiga, e ainda acompanho com a tradução em língua portuguesa cotejando as partes mais importantes para minha compreensão.

[12] Judith Butler. *A vida psíquica do poder: teorias da sujeição*. Tradução de Rogério Bettoni. Belo Horizonte: Autêntica, 2017.

alguma universidade, buscaria saber se havia cursos em que suas obras fossem discutidas. Em paralelo, escavei outras autoras que discutiam a obra de Butler – elas eram comentaristas dos conceitos que me inquietavam, então fiz um pequeno mapa de autoras que precisava conhecer para compreender o enredo teórico que explorava.[13] Foi assim que fui explorar a obra de Louis Althusser, por exemplo, para dissecar o uso que Butler fazia do conceito de "interpelação". Por fim, procurei artigos curtos de Butler e suas entrevistas acadêmicas, peças que pudessem me ajudar mais rapidamente a seguir suas ideias, antes de avançar para outros livros extensos. Talvez você esteja intrigada, pois essa é uma navegação por boias que tomam tempo e disposição para o mergulho mais ousado nos conceitos de uma autora.

Diferentemente do turismo textual, as autoras fortes e os textos classificados "para leitura" exigem rigor para estudo. Não sei se você ouviu falar que, no passado, mesmo depois da existência dos computadores, as pessoas faziam fichas com notas sobre suas leituras. Umberto Eco conta sobre o método de suas fichas para escrever *O nome da rosa*. Acredito que daí

[13] Se houver dicionários sobre a obra da autora forte que você deseja explorar, tenha-o como bússola nessa navegação. Um exemplo de dicionário é o sobre a obra de Michel Foucault: Edgardo Castro, *Vocabulário de Foucault: um percurso pelos seus temas, conceitos e autores*. Tradução de Ingrid Müller Xavier. Belo Horizonte: Autêntica, 2019. Há quem sustente que a leitura de uma autora forte exige imersão absoluta, não devendo ser mediada por obras secundárias. Minha opinião é um pouco mais matizada: as autoras fortes merecem essa experiência de solidão, mas as obras críticas e as comentaristas facilitam a aproximação. A verdade é que não há substitutos para o encantamento provocado por uma autora forte em nós.

tenha vindo o nome "fichamentos", isto é, resumos críticos de leituras.[14] Acredito que existam professoras que solicitem fichamentos como formatos de avaliação em disciplinas de cursos de graduação. Tenha o nome como uma referência a uma técnica que consiste em ler e tomar notas. Você pode registrar as notas onde quiser, mas eu recomendo que seus fichamentos sejam feitos em um arquivo de computador, para que você os recupere com mais facilidade quando precisar. Se possível, salve o seu fichamento na mesma pasta em que o texto ou o livro digital estiver arquivado em seu gerenciador de bibliografia. Mas queria pausar um pouco e conversar sobre como e sobre o que tomamos notas nas leituras que demandam estudo em profundidade.

O que passo a dizer são sugestões, como todas nesta carta – você deve testá-las, aperfeiçoá-las ou abandoná-las de acordo com suas preferências. Eu começo a leitura de uma obra densa com um marca-texto em mãos, se a obra for física. Já tive crises existenciais sobre isso de ocupar as páginas de um livro com notas, marcas, palavreado, dobras, desenhos ou rabiscos. Por um tempo, tive uma relação quase sagrada de mover as páginas com cuidado para não deixar qualquer rastro permanente de que estive nelas: usava papéis autoadesivos para minhas notas, os quais eu poderia retirar quando quisesse. Esse cuidado extremo era provocado tanto por minha admiração pelo livro quanto pelo sentido coletivo

---

[14] O livro sobre como fazer pesquisa de Umberto Eco foi lido por gerações de pesquisadoras. Nele, a técnica do fichamento está detalhada como um método (Umberto Eco. *Como se faz uma tese*. Tradução de Gilson Cesar Cardoso de Souza. São Paulo: Perspectiva, 2020).

que eu dava a ele – eu sabia que meus livros seriam usados por outras pessoas do grupo, e eu não queria colonizar a leitura com minhas entradas nas páginas. Preciso confessar que não consigo mais a mesma contenção: hoje, tenho uma relação visceral com o livro, me relaciono com as páginas como se fosse um encontro físico.

O marca-texto me ajuda a fazer um primeiro resumo da obra: vou reduzindo o texto a algumas partes.[15] Estou sempre com meu caderno canteiro de obras aberto e, nele, tomo notas soltas, aponto conceitos, conexões, faço desenhos, colo trechos da obra.[16] Mas não faço fichamentos no canteiro de obras, e muito menos faço os fichamentos enquanto leio. Primeiro, leio, usando o marca-texto para demarcar as ideias, e só faço registros mnemônicos nas margens do livro ou no canteiro de obras. Depois de terminada a leitura é que retorno aos trechos destacados para decidir o que será tema de um fichamento ou memorando. Repito: recomendo que termine a leitura antes de iniciar qualquer resumo mais detalhado sobre o texto, pois é preciso uma visão geral da obra para saber o que conversa com sua pesquisa. Numa obra longa, como é um livro, a autora vai desenvolvendo um mesmo

---

15 Preciso confessar que me encanto pelos livros em papel, em particular de obras literárias. Tenho também livros digitais e com eles reproduzo o mesmo ritual do marca-texto amarelo. Um tablet ou e-reader para leitura digital é um companheiro tão fundamental quanto um computador para sua trajetória acadêmica.

16 Meu ato é literalmente de colagem: faço uma fotografia do trecho em que quero me concentrar e imprimo numa daquelas impressoras miudinhas. É divertido, me permite uma pausa manual para fazer colagens no meu canteiro de obras.

argumento de diferentes maneiras e em várias passagens, ou seja, é preciso ter uma perspectiva do todo para saber o que delimitar como relevante.

Se um fichamento é como notas da leitura – em geral, breves citações de trechos da obra para posterior estudo –, os memorandos são peças analíticas mais longas e autorais. A cada seleção de citação, certifique-se de que a cópia é literal e que você anota a página de referência. Mas nem toda leitura exigirá fichamento ou memorando, somente fontes específicas que oferecerão amparo na fase de escrita. Ou seja, os fichamentos e memorandos são como treinos para a escrita; alguns pedacinhos aqui e ali. Mas o que são memorandos? Volto ao meu exemplo da leitura de Judith Butler e do conceito de interpelação. Ao terminar o meu percurso pelo livro, pelas aulas e por comentaristas, eu parei e escrevi um memorando sobre como o conceito se assentava na minha compreensão analítica para o trabalho de campo. O memorando pode até ser compartilhado no grupo de pesquisa, caso outras pessoas estejam trabalhando no mesmo conceito que você, mas não é uma peça para ser pública. É um treino de escrita, e você verá como será útil fazer essas breves incursões enquanto ainda lê e explora seu mapa conceitual.

Escrever fichamentos ou memorandos demanda esforço, mas é um exercício fundamental de consolidação do aprendizado. Por isso, a fase de leitura precisa ser planejada e ordenada para que você tenha condições suficientes para mergulhar nas leituras também sem as boias, começando a construir seus próprios argumentos. Assim, retorne às minhas perguntas sobre o seu cronômetro pessoal de leitura e inclua agora seus tempos para fichamentos e memorandos. Uma pergunta comum é: quantos memorandos você deve escrever? Poucos. Para uma pesquisa empírica que resultará num artigo indexado com vinte referências bibliográficas, eu escrevo, no máximo, dois memorandos enquanto reviso a literatura ou faço trabalho de campo. Numa monografia de graduação, eu arriscaria a mesma quantidade – se é que posso oferecer números mágicos para você. Fichamentos são mais numerosos. Por isso, planeje bem qual leitura pede o fichamento ou quais as notas no seu caderno canteiro de obras serão suficientes para o registro, caso precise retornar à fonte.

Admiro quem sabe desenhar e vem explorando o desenho como uma técnica de registro de ideias, construção de pensamento ou de trabalho de campo, e quero aprender mais a usar meus parcos traçados e aquarelas para explorar o desenho como prática visual de reflexão conceitual.[17] Queria poder povoar meus cadernos com ilustrações, mesmo que rudimentares. Na incapacidade de fazê-lo, uso fotografias ou recortes de textos – a arte da colagem me inspira a expandir as ideias.[18] Se você for uma pessoa cega, suas experiências

[17] Karina Kuschnir é uma entusiasta do uso do desenho. Suas ideias estão acessíveis em blog pessoal e nas redes sociais, como Instagram (@karinakuschnir). Vale ler o artigo: Karina Kuschnir. "Desenho etnográfico: onze benefícios de usar o diário gráfico no trabalho de campo". *Revista Pensata*, v., n. 1, dez. 2018, pp. 328-369. Houve uma banquinha com Karina Kuschnir: *A descoberta do desenho*. Disponível em: <www.youtube.com/watch?v=6yc-FCSam9Jg>.

[18] Tenho duas impressoras miudinhas, uma de fotografia e outra de papéis colantes. Produzo imagens com as duas para ramificar minhas palavras em imagens no caderno canteiro de obras.

podem ser táteis ou auditivas – com as quais não tenho familiaridade, mas adoraria aprendê-las, a fim de também explorá-las. Como uma parcial ouvinte, ou quase surda, eu preciso de imagens para sentir o pensamento – e dou um exemplo.

Quando estava trabalhando no documentário *uma mulher comum*, eu me inquietava em como acomodar a estética da ambivalência.[19] A narrativa hegemônica sobre aborto é a de uma mulher em sofrimento. Scarleth, a personagem, vivia a decisão e a experiência do aborto de seu próprio jeito, mas que também ressoava na literatura acadêmica a partir de centenas de outras mulheres: ela descrevia a decisão pelo aborto como um "alívio".[20] O encontro entre Scarleth, as mulheres anônimas da ciência e a moral do pecado que nos circunda me fizeram recortar duas imagens e colá-las, lado a lado, em meu caderno canteiro de obras: a cena do grito mudo, da peça *Mãe coragem e seus filhos*,[21] e a palavra "ambivalência", recortada de letrinhas de jornal. Passei semanas olhando as duas imagens. Não me pergunte como elas me inspiraram exatamente.

---

[19] *uma mulher comum*. Direção: Debora Diniz. Brasília: ImagensLivres, 2023 (20 min).

[20] Sobre o estudo do "alívio", Diana Greene Foster. *Gravidez indesejada (The Turnaway Study): o mais extenso estudo americano sobre as consequências de ter ou não acesso ao aborto*. Prefácio de Debora Diniz. Tradução de Ana Carolina Mesquita e Mariana Mesquita. Rio de Janeiro: Sextante, 2024.

[21] Bertolt Brecht. *Teatro completo em doze volumes*. Tradução de Geir Campos. Rio de Janeiro: Paz e Terra, 2009. Essa peça teve contribuições de Margarete Steffin.

Precisei de bons hábitos de leitura para superar meus desafios. Você deve fazer o mesmo. Vim de exemplos em sala de aula e de imagens de intelectuais públicos em que as pessoas seguravam o livro em uma mão e na outra tinham um cigarro aceso. Os tempos mudaram, por isso minhas dicas são livres de vício. Descreva para si mesma como são seus hábitos de leitura: onde lê? Quanto tempo consegue ler sem pausas? Precisa de silêncio para a leitura? Anota enquanto lê? Que tipo de anotação faz: visual ou registro literal de trechos da obra? O primeiro passo para melhorar seus hábitos de leitura é conhecê-los. Sim, eu adoro provocar a reflexão sobre nossos hábitos, acho que já percebeu isso. A verdade é que a leitura é uma dessas experiências que vivemos diariamente, mas sobre a qual pouco refletimos. Se puder, anote seus hábitos. Anote no seu caderno vaga-lumes algumas de suas práticas cotidianas de leitura. Converse sobre elas no grupo de pesquisa, quem sabe suas colegas terão outras experiências?

Eu também tenho maus hábitos de leitura – ou manias, nem sei bem como descrever. Antes de começar a ler, eu realizo um ritual particular de preparação. Se vou ler na escrivaninha,[22] primeiro, preciso arrumá-la, organizar meus cadernos e papéis, e decidir quais canetas e cores pretendo usar. Pode rir, também acho engraçado. Depois de tanto repetir o mesmo gesto, passei a assumi-lo como cena de aproximação da leitura ou da escrita – apenas reflito quanto tempo gasto na preparação e quanto efetivamente uso nas tarefas. Já me

[22] Escrivaninha é uma alegoria de qualquer lugar que você encontre para escrever: a mesa da cozinha, uma mesa de um café na esquina, na biblioteca pública ou no seu quarto. Durante a pandemia de covid-19, a mesa da cozinha foi minha escrivaninha.

aconteceu de usar todo o intervalo disponível me preparando, e nem sequer liguei o computador ou abri o livro. Se você for como eu, alguém com prazer pelos detalhes – como uma canetinha colorida ou uma vela que despertam um sentido todo seu –, viva-os com a intensidade do afeto ou da estética, mas não faça dos elementos um fim em si mesmos. Ao menos, nessa fase em que um calendário nos espera com urgência.

Haverá momentos em que você reduzirá o ritmo de revisão da literatura. Mas falo sobre acelerar ou reduzir o ritmo, jamais abandoná-lo. A leitura é uma das dimensões permanentes de seu trabalho como pesquisadora, e se manterá até mesmo quando estiver nos últimos dias de entrega de seu texto para a banca de avaliação ou para publicação. A leitura nos inspira, permite desvendar labirintos no trabalho de campo, estimula a criatividade para a escrita. Quanto mais leio, mais meus dedos fluem na escrita, mais meus pensamentos se movem rapidamente. Talvez para as escritoras cegas, essa conexão seja outra, quem sabe entre escutar e pronunciar? Se seu tempo permitir, não deixe de ler autoras de escrita criativa, pois, sem que você saiba como, as conexões de suas ideias no caderno canteiro de obras ganharão novos contornos.

Você precisará ler muito e seletivamente para conseguir construir um texto com voz de autora. É preciso encontrar "prazer no texto". Roland Barthes dizia que há níveis de leitura – a leitura na extensão e a leitura que provoca deslocamentos.[23] Prefira essa última, ela vem das autoras fortes.

---

[23] Roland Barthes. *O prazer do texto*. Tradução de J. Guinsburg. Revisão de Alice Kyoko Miyashiro. São Paulo: Perspectiva, 1987.

Os deslocamentos nos inquietam, afugentam nossas certezas temporárias, mas nos movem rumo ao desconhecido de onde nascerá a criação. É do deslocamento que nascerá sua voz de autora. Você não será a mesma depois de conhecer uma autora forte. A leitura de uma autora forte é o que nos desloca, seja no pensamento ou no texto.

AS LEITORAS E SEUS TIPOS

Ouvindo histórias sobre como as pessoas leem, e observando como elas falam de suas leituras, arrisco descrever os jeitos que conheci por estilos. Eu nunca acompanhei minhas orientandas lendo, mas, pelo texto que me apresentaram, fui capaz de imaginar que tipo de leitoras seriam. Sem querer cometer a imprudência da classificação, até mesmo porque todas nós somos únicas e múltiplas nessa descoberta de livros e escrituras, desenhei quatro estilos de leitora: a burocrata, a atriz, a desmedida e a criadora. Por favor, não siga esta leitura procurando classificar-se: a ideia não é uma tipologia da leitura, é só um respiro de bom humor para todas nós nos vermos um pouquinho. Há variantes desses estilos; os quatro que descrevo são uma fantasia para organizar minhas ideias sobre leituras e leitoras. Eu mesma já fui quase todas, em diferentes momentos ou interações de minha trajetória acadêmica. Antes de apresentá-las, assumo minha preferência: seja uma leitora criadora. Meu esforço será por descrever os simulacros da criadora para lhe inibir qualquer aproximação com esses outros espectros de leitora.

A leitora burocrata é capaz de cumprir as regras formais da pesquisa, além de conhecer os aplicativos de revisão bibliográfica e de produzir um razoável mapa de literatura. Lê incansavelmente, faz mais fichamentos do que o necessário, repete com precisão o que muitas autoras disseram. Tem dificuldades em escrever os memorandos, pois não os diferencia de um fichamento. O exercício de uma leitura burocrata é mnemônico, acumulativo, até: lê como quem faz turismo para colecionar um álbum de fotografias. Na pressa por concluir, pouco se permite o mergulho analítico necessário para a construção de argumentos. Eu tenho dificuldades em identificar a voz de uma leitora burocrata no próprio texto. É como se as vozes das autoras que a inspiram emudecessem sua potência criadora. Como sei disso? Seu regime de escrita é também burocrático – uma costura de citações, que mais parece aquelas peças judiciais ou tratados médicos em que há mais sobre o que os outros disseram do que aquilo que há de novo a ser dito.

Por ser alguém que conhece e respeita as regras acadêmicas, a leitora burocrata não é uma plagiadora. Ela teme ser pega na cópia infame e, por isso, abusa das citações diretas. Eu a imagino repleta de fichas, notas, arquivos, tudo milimetricamente organizado e separado em sua escrivaninha enquanto escreve seu texto. Nada há de errado em ser organizada – eu admiro pesquisadoras organizadas, e me esforço para ser uma delas. Mas a organização é um meio para a criação, e não um fim em si mesmo. O mérito da leitora burocrata é ser excessivamente responsável, alguém com acúmulo de conhecimento para algum dia sair da sombra e soltar sua própria palavra. Em geral, a pesquisadora burocrata não me traz dissabores – eu é que me mantenho à espera da ousadia criativa. Sim, todas nós somos criaturas criativas, o que nos falta é a coragem ou a oportunidade para arriscar-se na escrita e no pensamento.

A leitora atriz é o contrário da burocrata. Todas as professoras já tiveram alguma estudante assim: ela não lê, mas, instantes antes da aula, passa os olhos em um aplicativo de resumo ou de citações de texto e depois assunta o tema com suas colegas burocratas.[24] Isso é o suficiente para assumir um ar compenetrado e rebuscado na linguagem, e acreditar participar ativamente da aula. Outro nome para ela seria "leitora ChatGPT": com uns cliques, se crê sabedora de obras que lhe tomariam horas de estudo. Ela é uma fingidora e, sem se dar conta, uma plagiadora em potencial. A leitora atriz não me convence, e sinto por ela um desinteresse em conhecer sua potência criadora. Se a leitora burocrata ainda me inspira a provocá-la, a atriz me afasta do encontro. Sinto muito se me arrisco a falar tanto, mas a leitora atriz me parece ser alguém com desinteresse pelo pensamento acadêmico e que apenas busca o título – é atriz porque não vê sentido no aprendizado genuíno. O fato é que haverá momentos em que a performance da atriz trará riscos, como, por exemplo,

---

[24] Scite.AI é um aplicativo para citações: provocado por uma pergunta sobre um texto, o aplicativo responde com as principais passagens da fonte. Scispace é como um copiloto de leitura: resume e explica um texto complicado, com plugin para navegadores, como o Chrome. Muitos deles funcionam também em português.

na banca de defesa de seu texto ou em atividades públicas, como seminários ou congressos. Ao contrário da leitora burocrata, que é uma cumpridora das regras, a leitora atriz é a que mais rapidamente sucumbe ao planejamento, ao ritmo permanente e profundo das leituras, às exigências de criação com consistência.

A leitora desmedida provoca compaixão na orientadora, apesar de algumas vezes desafiar a paciência. Estou sendo honesta com você. Eu descubro as leitoras desmedidas na primeira conversa sobre sua revisão da literatura – ela não consegue diferenciar a tese central de um artigo, perde-se em detalhes periféricos de um argumento e sofre com essa perdição. Seus mapas de literatura são gigantescos, anda repleta de livros e faz questão de mostrar os prazos da biblioteca, conhece dezenas de aplicativos para recuperação de fontes e encanta-se com novas ferramentas para gerenciamento de pesquisa. Perde-se no processo de fazer, como se ele fosse um fim em si mesmo. Veja que a descrevo como "desmedida", o que significa que é também minha responsabilidade encontrar a simplicidade no que há por fazer. Mas o desafio é que essa é uma personagem demandante, pois tem um apego pelo excesso e uma certa dificuldade em escutar orientações que simplifiquem as tarefas. Se você se viu nesse papel alguma vez, vale parar e pensar em como deixar as atividades mais simples, em como se seduzir menos pela complexidade de novos aplicativos ou tecnologias e em como reduzir o acumulado de leituras. Buscar a simplicidade é um caminho para oferecer tempo à criatividade.

A leitora criativa é a que mais me encanta. Ela tem em si a dúvida como método de pensamento e o espírito arriscado da criação para a escrita, mas é também capaz de escutar e repetir o aprendido com honestidade e paciência. Ela cultiva a sabedoria, sem a pressa do acúmulo arquivista que assola algumas leitoras burocratas. A leitora criativa é capaz de combinar um senso aguçado para o novo com um respeito suspeito pelo antigo. Ela não acredita em teses prontas, duvida de quem lhe diz que as teorias serão capazes de responder a todas as suas inquietações. A leitora criativa aprende rapidamente a cuidar de si mesma para que a arrogância acadêmica não a silencie. É cautelosa com o que lê, é seletiva com as autoras que inclui no mapa da literatura e tem calma para avançar. Nem por deslize se aproxima da leitora atriz, e aprende a acalmar seus ímpetos de leitora burocrata. Não se intimida com suas colegas que procuram impressionar pelo obscurantismo do texto. Ela me escuta com respeito, mas também com ponderação. Até porque não sou uma mentora espiritual; sou uma escutadeira, acompanhante e editora atenta.

Como vê, não tenho limites para elogiar a leitora criativa. Eu não tenho uma formuleta – como a que apresentei para enunciar o problema de pesquisa – para ensinar você a ser uma leitora criativa e afugentar os espectros das outras leitoras. Todas nós já fomos burocratas ou desmedidas na leitura, principalmente quando iniciamos a investigação sobre um novo tema. Mas muitas de nós conseguimos afastar o espectro da leitora atriz. Essa é uma fantasia alimentada pela arrogância acadêmica que ignora o que há de mais atrativo no pensamento intelectual – o verdadeiro prazer de ler e descobrir seu próprio texto entremeado às vozes de outras autoras. Por isso, eu lhe peço: nunca se comporte como uma leitora atriz comigo. Eu me comprometo a ter paciência com seus surtos burocratas ou desmedidos, em especial se eles forem se tornando raros à medida que avançarmos na pesquisa. Não há um ciclo evolutivo entre os estilos de leitoras. Seja paciente com você mesma, mas não se esqueça de que a leitura é o que fará seus dedos se moverem no teclado e seu espírito desejar a criação.

Sabe por que falei da leitura em uma carta sobre orientação? Porque tenho uma suspeita que queria dividir com você. A leitura é um hábito fora de nosso tempo histórico: é solitário e pede solidão. Ela irá desafiá-la a ter prazer sozinha, em silêncio, afastada do convívio de outras pessoas ou da recompensa instantânea das redes sociais. Você sentirá que essa é uma experiência difícil de ser compartilhada com outras pessoas no instante da realização; você até deve participar de grupos de leitura para ativar a discussão e a reflexão, mas essa é uma experiência posterior à quietude da leitura solitária. Os cachorros e os gatos são bons parceiros nessa jornada. Eu batizei minha cadeira de leitura de "poltrona da discórdia", pois basta me sentar para meus dois cachorros disputarem espaço para se aninhar. Algumas vezes, um livro é o sinal para que eles se antecipem a mim em direção à poltrona. Somos três no silêncio da leitura, dividindo o espaço de uma só leitora; minha sorte é que eles juntos não valem por um cachorro grande. Para mim, ler é ter prazer na solidão – acalentada pela companhia de cãezinhos.

texto entremeado às vezes de outras atitudes. Por isso, eu lhe peço: nunca se comporte como uma leitora [illegible]. Comigo, eu me comprometo a ter paciência com seus surtos [illegible] ou desmedidos, em especial se eles forem se tornando necessários à medida que avançarmos na pesquisa. Não há um ciclo evolutivo entre os estilos de leituras. Seja paciente com você mesma, mas não se esqueça de que é a leitura o que fará seus dedos se moverem no teclado e seu espírito despertar a criação.

Sabe por que falei da leitura em uma carta sobre criação? Porque tenho uma suspeita que queria dividir com você. A leitura é um hábito fora de nosso tempo histórico: é solitário e pede solidão. [illegible] ter prazer sozinha, em silêncio, afastada do convívio de outras pessoas ou da recompensa instantânea das redes sociais. Você sentirá que essa é uma experiência difícil de ser compartilhada com outras pessoas no instante da realização; você até deve participar de grupos de leitura para ativar a discussão e a reflexão, mas essa é uma experiência posterior à quietude da leitura solitária. Os cachorros e os gatos são bons parceiros nessa jornada. Eu batizei minha cadeira de leitura de "poltrona da liberdade", pois basta me sentar para meus dois cachorros disputarem espaço para se aninhar. Algumas vezes, um livro é o sinal para que eles se aproximem em direção à poltrona. Somos três no silêncio da leitura, dividindo o espaço de uma só [illegible]. Minha surpresa é que eles juntos não valem por um cachorro grande. Para mim, ler é ter prazer na solidão — acalentada pela companhia de cãezinhos.

O ENCONTRO COM O TEMPO

A escrita pode durar o tempo de sua busca pela palavra perfeita. A revisão da literatura parece ser uma fase acelerada, pois há uma biblioteca que nos antecede e acompanha, e que é mais extensa do que nossa capacidade de explorar. O trabalho de campo, a pesquisa em arquivos ou a análise de dados empíricos parece ser outra fase, que pede mais tempo para ser concluída. Neste momento de sua experiência como pesquisadora ou escritora acadêmica, você deve ter se dado conta de que os tempos são mais breves do que os desejados para cada fase. Seria muito bom ter mais tempo para explorar o problema, para se estender lendo ou para melhorar um parágrafo. Mas quanto tempo a mais seria necessário? Uma semana, um mês ou um ano – já pensou nisso? Há quem permaneça mais de uma década no doutorado, pois o sentido da incompletude é tão avassalador que chega a ser paralisante.

Não há como resolver esse senso de escassez de tempo que a acompanhará, pois o calendário de sua jornada está preestabelecido: você tem um prazo para concluir sua graduação, seu mestrado ou seu doutorado. Essa deve ser sua realidade de tempo. E esse será também nosso tempo de orientação. Tanto você quanto eu teremos que trabalhar com esse lapso de tempo do calendário: um ou dois semestres para a graduação, quatro para o mestrado, oito para o doutorado. Imagino que, se você estiver no doutorado, esse tempo pode parecer longo demais – quem seremos daqui a quatro anos, como nosso tempo disponível estará organizado entre trabalho, cuidado, lazer e atividade acadêmica? Não sabemos, mas o que temos diante de nós é um calendário e um compromisso: no tempo estabelecido pela sua trajetória acadêmica, você terá que finalizar a sua pesquisa e o seu texto.

Não sei se você viveu experiências de planejamento complexas como essa: um produto a ser trabalhado diariamente, porém a ser concretizado num futuro distante. É um exercício material, pois pede atividades diárias e contínuas, e, ao mesmo tempo, abstrato, pois as atividades são variadas, ora sequenciais, ora concomitantes. Lembra-se de que eu lhe disse que você leria continuamente, mas que haveria um momento em que a revisão da literatura ou o trabalho de campo seriam finalizados, e que a escrita precisaria ter um tempo para começar e terminar? Quanto mais longa for sua escrita, mais delicado terá que ser seu treino do tempo. É fácil perder-se no calendário – veja que uso um verbo de espaço para falar de tempo. Sim, nos perdemos na imensidão do futuro, ainda mais com tantas necessidades ou atrações do instante.

OS CALENDÁRIOS

Não há ferramenta mais útil do que um calendário. Ele pode ser de papel, seguir com você na bolsa ou repousar na escrivaninha; pode também ser digital, no seu computador ou no celular. Eu recomendo que faça uso de todos os formatos e para diferentes finalidades. Peço que comece sua relação com o calendário digital, de preferência no seu computador, e o abra na maior tela de computador que encontrar. Permita-se uns minutos olhando para os meses, que podem ser muitos ou poucos, a depender de estar na graduação ou no doutorado. Tenha o calendário acadêmico de sua universidade em outra tela, ou mesmo impresso: nele, estarão os períodos letivos, as datas de matrícula e de encerramento do semestre, os feriados, as semanas de provas e de eventos coletivos. Abra um novo calendário com o título de graduação, mestrado ou doutorado no seu calendário digital. Eleja uma cor. A cada nova entrada de evento, seu calendário aberto para o futuro começa a ser ocupado pelas atividades acadêmicas. Esse é um gesto ritual de aproximação entre o instante e o futuro. Faça-o, e verá que terá efeitos em você. Prepare-se, o próximo exercício será mais intenso.

Agora você irá fazer um exercício retroativo no calendário.[1] Não importa se os prazos imaginados mudarão, essa é

---

[1] Em várias banquinhas, discutimos tempo, calendários, ritmos e cronogramas: *Como desenhar um cronograma?*. Disponível em: <www.youtube.com/watch?v=toDh4IrI2-8>.

uma primeira tentativa. Você irá para o dia de encerramento do último semestre desta fase de sua jornada acadêmica, esse é o prazo final para a entrega de seu texto. Volte duas ou três semanas, pois você não quer deixar para o limite do calendário, quando as pessoas estarão assoberbadas a ponto de se tornar difícil montar uma banca de avaliação. Escreva: "Entrega final do texto." Se for mestrado ou doutorado, escreva: "Defesa." Pense comigo, se esse é o dia da entrega final do texto ou da defesa, você precisa de, pelo menos, oito semanas antes para ter o rascunho finalizado para a minha leitura, seguida de sua revisão final e da leitura da revisora que irá ajudá-la a ajustar a legibilidade, além das quatro semanas razoáveis para leitura da banca. É certo que na graduação o tempo de leitura da banca pode ser reduzido a duas semanas, mas consulte a coordenadora de seu curso sobre os prazos. Lembre-se de que eu oriento outras pessoas, e todas estarão na fase final de entrega do texto ao mesmo tempo que você. O seu ritmo precisa se coordenar com o meu e com o do grupo de pesquisa. Imagino que o que parecia um tempo longo começa a se estreitar no calendário, não é?

Você ainda está com o calendário aberto na tela do computador. Tenha impresso também o regimento de seu curso. Recomendo que o imprima e o guarde numa pasta, pois retornará a ele com uma certa frequência para outras questões. Quais outros produtos são obrigatórios? Escrita ou defesa de qualificação de projeto? Se for o caso, averigue no regimento em que semestre do curso deve ocorrer a qualificação e faça o mesmo percurso em seu calendário, indicando "projeto", com oito semanas antes para revisão e seleção da banca. Se você estiver no doutorado, leia o regimento com mais atenção: é esperado que você publique artigos durante o curso? Se sim, quantos? Alguns programas de pós-graduação esperam de dois a três artigos. Vá ao seu calendário e imagine tempos e processos semelhantes ao que fez para a entrega do texto final ou do projeto de qualificação. Quanto tempo deve dedicar para um artigo? Eu recomendaria um ciclo de seis meses para cada um, iniciando no segundo ano de seu doutorado. Além disso, há o tempo de as revistas acadêmicas avaliarem seu artigo e enviarem pareceres, de você revisar e de o artigo ser aceito para publicação. Isso lhe tomará outros seis meses, se a revista for ágil.

Há mais o que anotar no seu calendário acadêmico. Vá agora ao seu calendário individual, seja ele pessoal, familiar ou do trabalho. Veja as datas em que você terá que se desocupar de obrigações ou de outros encontros. Se você for cuidadora, pense nas férias de seus filhos, nas demandas das pessoas de quem cuida e em você mesma. Se você vive em família, quais são os períodos de encontros ou de férias? Eles podem ou não coincidir com o calendário acadêmico, por isso é urgente que você os marque no calendário em que estamos trabalhando agora. Se você trabalha, há viagens obrigatórias ou períodos mais intensos na rotina? Tente indicá-los. Há como você solicitar licença no trabalho? Comece a investigar as regras e os prazos para uma licença em alguma fase mais estratégica de seu calendário acadêmico, como a escrita ou o trabalho de campo. As férias do trabalho coincidirão com as férias de seus filhos e com as férias acadêmicas? Se você está no doutorado, aterrisse cada ano no calendário. Quer tentar um estágio no exterior?[2] Em geral, eles são feitos no terceiro ano do curso. Quantas disciplinas você terá que cursar? Indique o período de início e término das disciplinas no calendário. Você irá fazer trabalho de campo? Que tal pensar no tempo das autorizações, da revisão do projeto de pesquisa pelo comitê de ética e do retorno à escrivaninha para análise dos dados? Tente registrar esses tempos fragmentados da pesquisa de campo no seu calendário. Será um exercício difícil, por ser bem mais abstrato do que os de início e fim do semestre letivo. Peça ajuda ao seu grupo de pesquisa para elaborar essas etapas.

O que parecia um calendário como território a ser ocupado pelo tempo do vivido, ou seja, pelo que ainda viria a acontecer, materializou-se como uma ocupação do futuro – e com um certo senso de surpresa de seu lado. Não interrompa o exercício. Planejando-se, você terá alguma margem para coordenar suas obrigações, seus desejos e suas necessidades. Planejamos para que os dias se alterem no curso do vivido. O imprevisto do vivido não pode ser uma barreira para evitar o planejamento, pois sem o calendário você não conseguirá

[2] O estágio no exterior durante o doutorado pede um calendário próprio. Os grupos de pesquisa acumulam vasta experiência e material sobre como escrever cartas de apresentação, como buscar bolsas de pesquisa, contatos em universidades internacionais, entre outras etapas que ajudarão em seu processo individual. Essa é uma experiência que recomendo ser vivida, até mesmo mais que um doutorado integral em outro país.

nem mesmo compreender a magnitude do que se comprometeu ao assumir uma monografia, uma dissertação ou uma tese. Depois de todo esse exercício centrado nas obrigações conhecidas, passeie pelo calendário com os dedos na tela – veja onde seu tempo de lazer e prazer costurará os dias e os meses. Eu volto a repetir o que já expressei algumas vezes nesta carta: a trajetória acadêmica deve nos trazer a alegria do conhecimento.

Algumas pessoas não gostam do calendário digital, se sentem perdidas sem a relação física com o papel. Se esse for seu caso, manteremos também a experiência do papel, mas agregaremos a utilidade do calendário digital para prazos estendidos no futuro. Aproveite o caráter ritualístico de nosso exercício do calendário para também se iniciar no calendário digital. Use um que se conecte ao seu celular e à sua conta de e-mail, assim poderá ter lembretes de prazos ou mesmo poderá compartilhá-los com outras pessoas de seu grupo de pesquisa.[3] O exercício será intuitivo, e a visão do todo, proporcionada pela imagem na tela do computador, ajudará no planejamento. Você pode imprimir o calendário para que tenha o tempo feito matéria em suas mãos. Mas há

---

[3] Recomendo que use os mais simples, como a agenda da Google. Se você não tem conta do Gmail ou se seu provedor é privado ou daqueles mais antigos (como Hotmail), aproveite para abrir uma conta em provedores gratuitos mais comuns. Uma dica: aproveite para revisar o nome que você usa como endereço de e-mail. Há pessoas que iniciaram as contas de e-mail quando ainda adolescentes, e os nomes são apelidos familiares ou datas familiares como números. Que tal aproveitar e criar um e-mail para sua atividade acadêmica, diferente do seu e-mail de uso pessoal?

espaço para o calendário de papel no formato de agenda, e recomendo que todas as pessoas tenham um, mesmo aquelas integralmente imersas no universo digital. Como o exercício do calendário digital deve ter sido cansativo, pare um pouco a leitura e aproveite para sair em busca de uma agenda de papel. Sim, daquelas antigas, que, a depender de sua idade ou estilo, talvez, você nunca tenha tido uma. Dê preferência a uma agenda com uma página por dia, com poucos detalhes nela, pois você a usará como um registro de suas listas diárias de tarefas e feitos.

Com sua agenda de papel, o exercício agora será diário. Comece hoje mesmo. Sua memória de trajetória estará nessa agenda: todos os dias indicará o que espera fazer – é como elaborar uma lista de compras para o supermercado. A lista de tarefas tem que ser breve e levar em conta as brechas diárias de tempo que dispõe para sua leitura, pesquisa ou escrita. Façamos juntas um exercício hipotético: no seu calendário digital está marcado quando deve ocorrer a qualificação de seu projeto de mestrado. Há atividades cotidianas que você precisa realizar para chegar à escrita, tais como construir o mapa de autoras, realizar as leituras, escrever os fichamentos ou os memorandos. É preciso escrever o projeto do início ao fim. Na agenda de papel você irá, todos os dias, planejar as atividades e indicar por onde imagina que deve continuar no dia seguinte. Tente ser precisa na tarefa do dia. Por exemplo, não escreva "leitura"; escreva "50 minutos: leitura 20 páginas do artigo tal"; "25 minutos: pesquisa mapa de autoras sobre conceito tal".[4] Já se foi um pouco mais de uma hora do seu dia e, ao final dele, você indicará o que conseguiu efetivamente ler ou fazer, antecipando o dia seguinte. Imagine como se estivesse tecendo um tapete: você planejará a seção do bordado do dia e o que ficou pendente para continuar. A agenda de papel manterá um registro das atividades diárias, e servirá como uma memória do processo.

Para cada ano de mestrado ou de doutorado, você terá uma agenda de papel nova. Diferentemente do calendário digital, o papel a ajudará a retornar à rotina quando estiver dispersa, pois as páginas ficarão vazias. Se não me abandonou após esse longo percurso pelos calendários, preciso explicar por que insisto tanto nos calendários e agendas: porque é preciso transformar a experiência abstrata do tempo futuro numa atividade diária. Para muitas pessoas, o mestrado ou o doutorado será a primeira experiência de planejamento solitário e de longo prazo. Estamos nos conhecendo quanto à capacidade de organização e de planejamento, e você irá se descobrir nessa jornada. Veja que organização, planejamento e execução não são a mesma coisa – o ideal é que tenhamos um pouco das três habilidades, mas, se tiver que escolher uma só, ignore tudo o que falei sobre calendários, agendas, listas e tempos, e escreva do jeito que for possível para você. Mas,

---

[4] Há literatura disponível sobre como elaborar listas de tarefas. Acredite que é um exercício que se aprende fazendo e que nos ajuda a realizar grandes tarefas. Caso tenha interesse, leia Atul Gawande, *Checklist: como fazer as coisas bem-feitas*. Tradução de Afonso Celso da Cunha Serra. Rio de Janeiro: Sextante, 2023.

quem sabe, não valha a pena também fazer da experiência acadêmica um treino para entender como nos organizamos, planejamos e realizamos nossas tarefas cotidianas?[5]

OS RITMOS

Nessa conversa sobre calendários e agendas, há quem pergunte sobre ritmos diários para estudar, pesquisar e escrever. Eu até pesquisei para responder com uma fórmula para você, mas não há. Como toda prática que demandará sua autodisciplina, é preciso que você se conheça no seu ritmo de sono, criatividade e alegria para as muitas coisas de que gosta de fazer na vida. De novo, conto um pouco sobre mim para depois confessar que há, sim, alguns parâmetros inegociáveis sobre ritmos de trabalho acadêmico para que seu texto saia no tempo previsto. Eu sou uma pessoa diurna, adoro as manhãs, os passarinhos, o frescor do dia. Durante anos, achei que tudo o que eu gostava na vida tinha que acontecer nesse período do dia – de praticar ioga a escrever, de passear com os cachorrinhos a caminhar no parque, de ensinar a cozinhar. Não funcionava, nem preciso dizer. Tive que parar para me

---

[5] Há vários cursos de "gestão de projetos", um campo amplo de organização de processos, produtos, tarefas, tempos e equipes. Não confunda com o conceito de projeto de pesquisa que trabalhamos na vida acadêmica. Apesar das diferenças entre o campo da pesquisa e o de gestão de projetos, há aprendizados interessantes nesses cursos. Recentemente, eu completei o certificado profissional de "Gestão de projetos da Google". Ele pode ser gratuito se você não quiser o certificado e está disponível no Coursera em diferentes idiomas.

conhecer em mais detalhes: quais atividades eu não tinha energia ou vontade para realizar à tarde ou à noite? Escrever. Foi assim que ajustei meu ritmo diário: começo todos os dias com a escrita que me espera e deixo a leitura para outros horários. Faça testes, e não acredite em quem diz que nossos ritmos circadianos não mudam: eles se alteram no ciclo da vida, pois seus ritmos se vinculam a outras dimensões de sua vida, como os deveres de cuidado, o trabalho ou a idade.

Se não há uma fórmula sobre qual momento do dia é melhor para escrever, uma certeza eu tenho: você tem que encontrar um tempinho todos os dias para trabalhar na escrita ou nos elementos de sua pesquisa – como o mapa de autoras, a leitura de textos ou a pesquisa empírica. É verdade que são muitas atividades simultâneas, nem todas ocuparão sua agenda da mesma maneira. Quando entramos em fase de trabalho de campo, quase não há tempo para a leitura ou para a escrita. Mas eu queria me concentrar na escrita, essa fase que nos atormenta com a ilusão da perfeição ou com a procrastinação – guarde esta regra: você tem que exercitar a escrita todos os dias. Vou ser ainda mais ousada com você: tente um ciclo de pomodoro por dia.[6] O que é isso? Uma ampulheta, física ou digital, que marca ciclos de 25 minutos. Esse é um intervalo de tempo produtivo, e cabe muita coisa nos 25 minutos diários de um ciclo de pomodoro. Eu tenho

---

[6] Dean Kissick, "This Time-Management Trick Changed My Whole Relationship With Time". *The New York Times Magazine*, 23 jun. 2020. Disponível em: <www.nytimes.com/2020/06/23/magazine/pomodoro-technique.html>.

uma ampulheta de vidro, e me acalma olhar os grãos finos e verdes caindo quando estou em busca de uma palavra.[7] Entre um ciclo de pomodoro e outro, eu descanso 5 minutos: levanto, brinco com o cachorro, faço um chá e retorno à escrivaninha. Tente não cair na tentação das redes sociais no descanso de 5 minutos. A cada quatro ciclos de pomodoro, o descanso é mais longo. A pausa é tão importante quanto cumprir o ciclo – você se revigora. Se puder, saia de sua escrivaninha na pausa longa; se puder, caminhe fora de casa. Verá como as ideias se acomodam no pensamento enquanto caminha.

Você pode estar inquieta sobre como 25 minutos a salvariam da tela vazia quando se precisa produzir uma tese de doutorado em torno de cem páginas.[8] É aí que o calendário e a agenda são úteis – é um processo longo, desdobrado em pedaços miudinhos todos os dias. A agenda diária a ajudará a priorizar tarefas, a identificar as ausências e, quem sabe, a

---

[7] Quando tenho mais tempo disponível, uso uma ampulheta de 45 minutos, ou seja, faço um ciclo de pomodoro mais longo. Em uma banquinha sobre como organizar o tempo para a escrita, discutimos a técnica do pomodoro: *Como organizar a rotina de escrita*. Disponível em: <www.youtube.com/watch?v=slPz1JKislU>.

[8] Imagino que muitas colegas orientadoras lerão "cem páginas" e dirão que isso não é extensão para tese de doutorado. Não é minha intenção discutir ineficiência de teses longas que poucas pessoas lerão, cujo exercício é mais de submissão à escolástica acadêmica do que abrir espaço à criatividade de quem escreve. Acredito em dissertações e teses curtas, e gosto delas; admiro programas de doutorado que autorizam publicações de artigos científicos em vez da tese tradicional. Cada curso de graduação e pós-graduação tem seu regimento, assim, é importante conhecê-lo para saber o que se espera de você. Além disso, eu escrevi "em torno de": pode ser um pouco mais, se assim você desejar.

convencerá de que o ciclo do pomodoro é mais produtivo do que a distância da tela. Eu não duvido de que ter muitas horas livres para a escrita ou para a leitura seria fabuloso, mas essa não é a realidade de muitas de nós. A vida cotidiana é mais complexa do que a imagem do intelectual solitário com uma caveira em sua escrivaninha, dedicado exclusivamente ao trabalho acadêmico. Conheci dezenas de pessoas que usaram essas técnicas prosaicas para cumprir os prazos, encontrando pedacinhos de tempo no dia. Experimente, não rejeite como um treino banal de concentração para o uso do tempo. E, se você se dispersa com o celular, como acontece comigo, pode ser que uma ampulheta de vidro deixe sua escrivaninha mais charmosa.

A verdade é que falei sobre tempos, calendários, agendas e ritmos como se pudéssemos controlar o futuro ou a nós mesmas. É tudo um pouco de abstração, assim como são todas as fórmulas sobre como criar rotinas de autodisciplina, seja em saúde mental ou física. Quando eu comecei a praticar ioga seriamente, tinha muita dificuldade em meditar. A cada dia, imaginava que conseguiria meditar depois das técnicas corporais ou de respiração, mas a verdade é que eu deixava para o outro dia, ou permanecia em meditação por uns poucos segundos. Só me dei conta de que eu enrolava a mim mesma quando comecei a tomar notas de quais dias meditava e por quantos minutos. A surpresa foi um pouco triste para quem andava contando por aí que meditava diariamente. Eu também descobri que minha dose diária de autodisciplina para coisas novas é limitada. Eu não conseguiria iniciar o treino de meditação e aprender um novo idioma, nem escrever um livro e começar a correr. Aprendi – e posso estar errada, por isso teste com você mesma – que, nas fases da vida em que necessito de muita autodisciplina, eu também preciso ser menos exigente comigo. Não começo várias aventuras ao mesmo tempo, faço um calendário para elas.

A PERFEIÇÃO E A PROCRASTINAÇÃO

Por que atrasamos os compromissos se temos calendários e agendas? Porque a vida não é um planejamento linear: há surpresas, novos interesses ou simples desvios de rota nos planos originais. Porém, há compromissos que assumimos no passado que queremos honrar no futuro, e é assim que imagino o seu desejo pela trajetória acadêmica. Não encerrar o ciclo em que se está nesse momento é como deixar uma porta interior aberta: "E se eu tivesse finalizado?" Eu estarei aqui para acompanhá-la para que não haja abandono ou longos atrasos. Sim, eu disse longos atrasos, e não me tome como antecipando que você irá se atrasar. Preciso ser honesta: queria que você não se atrasasse, pois eu só posso abrir novas vagas de orientação quando você terminar o seu ciclo. Ou seja, a sua posição em relação a mim é única, mas é também coletiva. Outras pessoas dependem de que você termine o seu texto para que possam ser orientadas e terem seus títulos. Quem sabe, esse pensamento coletivo ajude a suavizar sua angústia sobre o tempo, dando a ele um sentido mais abrangente? Não é só sobre você, ou sobre nós duas e o grupo; é também sobre pessoas que esperam participar da comunidade em que estamos.

Para muitas, o início da trajetória acadêmica coincide com o desejo de ter filhos ou de constituir família. Para outras, coincide com anos de convivência com pais idosos, pois foi preciso antes trabalhar e cuidar dos filhos para depois realizar uma graduação, um mestrado ou um doutorado. Se essa for a sua realidade, não pense na extensão de seu calendário por conta de uma gravidez como "atraso": o seu tempo será outro, o calendário acadêmico se estenderá para se acomodar às suas necessidades de cuidado. Há normas e políticas que a protegerão, por isso é preciso conhecê-las, mas acima de tudo é preciso acomodá-las às suas expectativas. Não tenho dúvida de que demandará de você cuidar de filhos e escrever uma tese de doutorado, mas você conseguirá. No ritmo da sua realidade, conversaremos sobre como introduzir algumas das técnicas de que falamos, ajustaremos os encontros do grupo de pesquisa de forma que facilite sua participação, seja com suas crianças ou em momentos em que alguém esteja com elas, e solicitaremos extensão de seu prazo para que você se sinta protegida. Por isso, eu não descreveria eventos como a maternidade ou licenças médicas para cuidado de si, ou de outras pessoas, como "atrasos". Quem sabe podemos acordar essa linguagem entre nós? Atraso é quando deixamos para depois algo que poderíamos ter começado a fazer hoje – e um pouquinho todos os dias.

Assim, eu retorno à pergunta: por que atrasamos? Mencionei os acasos da vida, por isso queria me concentrar em dois fenômenos comuns para os atrasos – a ilusão da perfeição e a procrastinação.[9] Falei da ilusão da perfeição, esse ideal maldito que sombreia e silencia seu processo criativo. Fuja dele, opere com as margens da imperfeição e da incerteza, pois são nelas em que todas estamos. Sua pesquisa será imperfeita, o que é diferente de ter erros; seu texto será imperfeito, o que é diferente de não ser compreensível; seu argumento será imperfeito, o que é diferente de não ser razoável. Imperfeição não é fracasso na trajetória acadêmica, é um estado transitório de reflexão e aprendizado. Se jamais chegaremos ao lugar onde a ilusão da perfeição nos aliena, podemos nos mover para longe do erro metodológico, do desleixo na escrita e mesmo dos atrasos. Mas eu não confundo erro, desleixo ou atraso com a condição de imperfeição em que todas vivemos – esses são territórios em que devemos evitar aterrissar. E para cada um deles há soluções: estudamos metodologia para que a pesquisa empírica seja reconhecida como válida; cuidamos da escrita, revisamos e editamos o texto para evitar sinais de desleixo como erros tipográficos ou de referenciação bibliográfica; adotamos calendários como técnicas para acompanhar o tempo e as tarefas.

A procrastinação será a sua maior barreira. Procrastinar é deixar para depois, é imaginar que amanhã você terá mais

---

[9] Várias banquinhas discutiram a procrastinação, como esta: *Procrastinação* (disponível em: <www.youtube.com/watch?v=-H_ViSynb0k>); e esta: *Como lidar com a procrastinação?* (disponível em: <www.youtube.com/watch?v=N-rAylwFExhk>). Discutimos o livro de John Perry, *A arte da procrastinação*. Tradução de Marcelo Barbão. São Paulo: Paralela, 2014.

tempo e melhores condições para começar a tarefa que está diante de você, é se deixar confundir pela multiplicidade de eventos que a convocam no instante. Procrastinar é uma dificuldade de se organizar no tempo disponível da vida, mas não pense que é sobre preguiça. Em tempos de mídias sociais, é muito fácil procrastinar: quem de nós não passou até mesmo horas somente deslizando o dedo na tela e assistindo a memes, fragmentos de entrevistas, fotos de gente em diferentes cantos do mundo? Após esse tempo de intoxicação imagética e de alienação do pensamento, não fizemos nada – e só nos resta um sentimento vazio de dívida conosco e com o tempo perdido. A depender da hora em que se esvaiu no universo digital, até mesmo insônia você pode ter. Ou seja, há efeitos rebotes para o dia seguinte quando nos deixamos sugar pelas redes sociais.

Gostaria de poder dizer que esse é um mal-estar de nosso tempo histórico, mas eu precisaria de mais densidade para a análise – eu poderia descrever a procrastinação, em particular aquela causada pelo desvio de atenção nas mídias sociais, como uma barreira para sua rotina acadêmica. Houve quem tentasse argumentar que procrastinar é bom, que aguça a criatividade, mas eu não me convenço desse argumento, pois procrastinar não é o mesmo que caminhar com cautela no tempo da criação acadêmica. Há quem diga que produz melhor e mais sabiamente quando os prazos chegam atravessando o dia e é preciso varar a madrugada escrevendo. Perdoe-me se esse é seu caso, mas isso me parece mais um quadro de desorganização e de falta de planejamento. O sono é um repouso para a nossa criação. Há angústia nas pessoas procrastinadoras: nem vivem o hoje nem se livram do que as atormenta – como uma tarefa por fazer.

Se é verdade que todas nós procrastinamos na vida – ou seja, procrastinar é um verbo que deve ser conjugado em todas as pessoas verbais –, não somos todas que nos paralisamos com a procrastinação. Quanto mais crônica é a experiência da procrastinação, mais densas serão as barreiras para ligar o computador, para montar um calendário, para seguir a rotina da agenda, para escrever guiada por um ciclo de pomodoro por dia. Para uma pessoa procrastinadora, as dicas sobre como organizar o tempo parecem rasas, ou até mesmo tolas, porque a fantasia da perfeição a ronda – só dias livres inteiros seriam propícios à atividade acadêmica; só a revisão integral do mapa de autoras ofereceria segurança antes de começar a escrever. Além disso, o trabalho de campo se tornaria interminável, pois sempre há novas coisas a aprender. Não sei dizer se toda pessoa procrastinadora é também alguém atormentada pela ilusão da perfeição, mas, se assim for, os riscos de paralisação são iminentes. E com a inércia vem a solidão, a vergonha ou o imobilismo para recomeçar.[10] Ou seja, procrastinar é fazer coisas que são ruins para nós mesmas: não ficamos bem quando um dia termina e a agenda de

---

[10] Houve uma banquinha sobre o dilema da desistência, um momento muito difícil na trajetória acadêmica. Sei que há situações difíceis na vida de cada uma de nós em que parar algumas coisas e dedicar-se a umas poucas é fundamental. Mas, antes de tomar essa decisão ou de acompanhar alguém em vias de desistência, assista a: *Pensar em desistir?*. Disponível em: <www.youtube.com/watch?v=vXbdHctjb14>.

tarefas está vazia, quando não há uma lista de continuação para o dia seguinte. Há quem descreva procrastinação mais como uma questão emocional do que de manejo do tempo.[11]

Há situações disparadoras da procrastinação. Pense nas suas: é o trabalho, conversar com alguém, passear pelas redes sociais, arrumar a casa, ou o quê? Eu tenho várias, mas aprendi que me organizar em pequenas rotinas me ajuda a controlar os disparadores de procrastinação. Mesmo viajando e trabalhando, tento manter alguma rotina nos horários que sei que terei para mim. Isso me ajuda a ter um senso de continuidade para tarefas iniciadas – nada mais frustrante do que reiniciar uma tarefa em que houve uma interrupção longa. Para mim, as ausências são disparadores de procrastinação, pois tenho dificuldade em recomeçar o que já deveria ter terminado há tempos. Há estudos que mostram que para recuperar um ritmo, ou mesmo criar uma rotina de realizações diárias, é preciso também treinar nossas percepções: após uma tarefa realizada, um pequeno prêmio.[12] Algo como uma compensação por realizar uma tarefa – isso geraria um ciclo de sensação de que aquela tarefa é tão boa a ponto de nos garantir um prazer após sua realização. Para algumas

---

[11] Charlotte Lieberman. "Why You Procrastinate (It Has Nothing to Do With Self-Control)". *The New York Times*, 25 mar. 2019. Disponível em: <www.nytimes.com/2019/03/25/smarter-living/why-you-procrastinate-it--has-nothing-to-do-with-self-control.html>.

[12] Se quiser pensar mais sobre o poder dos hábitos e os ciclos de recompensa, um livro de divulgação sobre pesquisas é: Charles Duhigg, *O poder do hábito: por que fazemos o que fazemos na vida e nos negócios*. Tradução de Rafael Mantovani. Rio de Janeiro: Objetiva, 2012.

pessoas, é um chocolate após vários ciclos de pomodoro; para outras, é uma caminhada com os cachorros ou ouvir música. Pense em qual pode ser o seu ciclo de pomodoro, de tarefas cumpridas e de prazeres posteriores.

Procrastinar não é o mesmo que o tempo necessário para pensar. As ideias não saem de nossa cabeça para a tela do computador por telepatia. Precisamos de tempo para pesquisar, estudar, tomar notas, rabiscar memorandos ou fichamentos, desenhar, escrever, revisar, editar e ter leitoras. Nesse tempo longo de processos de criação, estamos refinando nossas ideias – tomar esse tempo, preencher as páginas da agenda diária e perseguir os eventos do calendário digital são condições para produzirmos um texto acadêmico. Por isso, tente não confundir o tempo necessário para criar com o tempo usurpado pela procrastinação. Como saber a diferença? Sinta suas emoções a cada dia: o dia vivido com pequenas tarefas cumpridas – pode ser apenas um ciclo de pomodoro – lhe trará contentamento e um senso de realização; o dia vivido sob o controle dos disparadores de procrastinação lhe trará um sentimento de fracasso, senão de tristeza.

Pessoas procrastinadoras crônicas terminam solitárias, seja porque suas colegas terminaram seus textos, seja porque se encolhem pela vergonha. A trajetória acadêmica não precisa ser solitária. Na verdade, não deve ser solitária, pois não há criação genuína na solidão: precisamos de nossas colegas, do grupo de pesquisa, de outras pessoas para nos escutar e oferecer novas ideias. A criação é mais coletiva do que podemos imaginar. Durante a pandemia de covid-19, o grupo de pesquisa que coordeno criou uma sala de biblioteca virtual.

De diferentes cantos do mundo, as pesquisadoras abriam e fechavam a sala todos os dias – elas ficavam ali juntas, algumas vezes em silêncio lendo ou escrevendo, outras vezes em conversa. O poder da presença do grupo facilitou a escrita de muitas delas e socorreu umas poucas dos disparadores de procrastinação. Ouvi histórias de outros grupos de pesquisa que também adotaram a biblioteca virtual como ponto de encontro para convivência.

O ENCONTRO COM A ESCRITA

Você já tem experiência com a escrita acadêmica. Para chegar na fase de sua monografia, dissertação ou tese, você escreveu textos variados – memorandos e fichamentos, trabalhos para disciplinas –, realizou provas e apresentou ensaios, escreveu resenhas e resumos para congressos.[1] Se você está no doutorado, talvez tenha submetido artigos para publicação em revistas ou livros. Eu acho fabuloso que você tenha essa experiência

[1] A resenha é um gênero narrativo considerado secundário nas estratificações acadêmicas, o que é um equívoco. Eu recomendo que você escreva resenhas como uma forma de circular as ideias de quem admira e como um gesto de reconhecimento. Conto uma história inusitada sobre resenhas – quando a Universidade de Ottawa me ofereceu o título de doutora *honoris causa*, eu não tinha ideia de quem teria pensado em mim para a honraria. Quando fui à cerimônia, me contaram que a ideia partiu de uma professora que havia lido meu livro sobre a epidemia de zika e havia escrito uma resenha sobre ele (Meg Stalcup. "Zika: from the Brazilian backlands to global threat. Book and Film Reviews". *Medicine Anthropology Theory*, v. 5, n. 4, 2028, pp. 132-235). A banquinha sobre resenha pode ajudá-la: *Como escrever resumo e resenha*. Disponível em: <www.youtube.com/watch?v=pUH0-Y2LCMc&list=PLf--Oz5dUh_nhBRwibINfuplinFvOlzvmR&index=5>.

acumulada antes de chegar na reta final da escrita de um texto mais longo para sua titulação. É preciso que você se reconheça como escritora e autora para ocupar a tela do computador com essa grande escrita que tem diante de si. Não repita minha história de quando estava na graduação: não se acanhe de se entender desde já como uma autora.

Se tem dúvidas do quanto exercitou a escrita e aprendeu nesse processo, recupere um de seus primeiros trabalhos da graduação. Releia-o e se atente para duas coisas: como o seu jeito de escrever – isso que chamam de estilo próprio – estava ali e como você se aperfeiçoou na escrita e na precisão argumentativa nos últimos anos. Vá agora para um texto mais recente que escreveu, pode ser um trabalho para uma disciplina acadêmica ou um texto que enviou para publicação. Tome notas no seu caderno vaga-lumes do que identifica como continuidade entre os dois textos e do que percebe que se transformou. Não sinta vergonha de seus primeiros trabalhos. Eu pediria a todas as pessoas que os guardassem numa pasta especial no computador – como os primeiros cadernos da escola quando nos alfabetizamos; a diferença é que não nos reconhecemos nos rabiscos de quem aprende o alfabeto pela primeira vez, mas nos vemos nas primeiras tentativas argumentativas da trajetória acadêmica.

Quando me formei em ciências sociais, na Universidade de Brasília, escolhi como tema de pesquisa a migração japonesa para o Distrito Federal. Eu ainda sou encantada pela cultura japonesa, até acho que estudava a língua japonesa mais do que a antropologia naquela época – meu sonho era ir ao Japão e ler as tirinhas da *Sazae-san* no original. Escrevi uma monografia sobre as pessoas migrantes de colônias agrícolas do Distrito Federal, o que me rendeu a primeira publicação em periódico acadêmico, um ano depois da defesa. Grande parte das pessoas migrantes que conheci morreu, pois eram idosas na época da pesquisa de campo. Hoje, leio o artigo e sei que é um texto de uma pesquisadora iniciante, mas tenho ternura por ele – fiz uma pesquisa séria, ouvi histórias, aprendi com os trabalhadores rurais, escrevi um texto que cumpriu com o esperado para uma estudante de graduação. Ele é parte da minha história. Faz mais de trinta anos que o escrevi, e, mesmo não sendo mais uma especialista em migração, o Japão jamais saiu da minha trajetória acadêmica.[2]

Da monografia de graduação para hoje, escrevi muito. Eu gosto de escrever (e mais ainda de ler). A escrita é uma experiência alegre para mim, o que não significa que seja fácil ou que eu seja uma boa escritora – são diferentes as dimensões do que eu faço com a escrita e do que a escrita faz em mim. Eu escrevo para alguém, e a imaginação de que alguém me lerá me traz contentamento. Eu vivo a escrita como uma experiência de conexão com pessoas que desconheço e serão futuras leitoras. Por isso, me arrisco cada vez mais em formatos e estilos de escrita. Só que essa alegria não faz desaparecer as tensões que me acompanham ao escrever: além de precisar me organizar para encontrar tempo para escrever, eu preciso de tranquilidade para arrumar minhas ideias. Tenho um péssimo hábito de precisar escrever e reler, escrever um pouco

---

[2] A primeira versão desta carta foi escrita enquanto fui professora visitante na Universidade de Sophia, em Tóquio, em 2012.

mais e editar novamente. Não sei escrever como quem desabafa na tela vazia – o que seria minha primeira recomendação para você: escreva muito e só depois passe à edição.[3] Eu tenho dificuldades em fazer isso.

Você deve estar me estranhando se sua experiência com a escrita não for alegre como eu descrevo. A alegria é aprendida, ou melhor, exercitada. Acredite em mim. Quanto mais praticamos a escrita, mais nos acomodamos com nossas palavras na tela, ou seja, com aquilo que podemos chamar de estilo. E, incrivelmente, aprendemos com o que escrevemos. Por isso, falei em manter pedacinhos de escrita – fichamentos ou memorandos – enquanto avança em suas leituras. Faça um teste: releia-se, e você descobrirá formas de argumentar que não sabia mais que eram suas. A escrita refina nossas ideias e, com isso, ajustamos nosso argumento, nosso problema de pesquisa e nossos resultados. Mas vou seguir nossa conversa imaginando que a escrita não é esse ofício alegre que descrevo – voltarei a mim mesma, em um tempo em que a escrita era um território inseguro e desconhecido no qual eu eternizaria meus pensamentos ainda confusos.

A PRIMEIRA PÁGINA

Haverá a primeira página vazia – a tela plana do computador diante de você. Não se intimide, comece com o vazio, se re-

---

[3] Divirta-se lendo sobre o método de escrever vários rascunhos ao mesmo tempo e passar o ano acadêmico refinando-os: Howard Becker, *Truques da escrita: para começar e terminar teses, livros e artigos*. Tradução de Denise Bottmann. Revisão de Karina Kuschnir. Rio de Janeiro: Zahar, 2015.

lacione com a tela desse jeito.[4] Fantasie que é possível ouvir o eco de suas palavras na imensidão desse vazio. Prometa que não sairá importando trechos de memorandos ou trabalhos para o texto que escreverá. Em breve, você recortará e colará os fragmentos de sua escrita que achar que cabem no novo texto. Enfrente o vazio, suporte a tensão do nada diante do turbilhão de ideias. A decisão seguinte é por onde começar, e aí está um dos primeiros redemoinhos de nossa tentativa de escrever: a falsa ideia de que a escrita precisa começar pelo que seriam as primeiras páginas de seu futuro texto – seja a capa, o título, o resumo, o sumário, ou mesmo o primeiro capítulo. Ignore a ordem do produto a ser apresentado para a banca de qualificação ou de avaliação e tente se concentrar num único elemento quando ligar seu computador para escrever: vá para o sumário, isto é, as seções que espera cobrir na escrita. Mas faremos um sumário diferente, pois no alto dele você escreverá seu título provisório e seu problema de pesquisa.

Uma estrutura padrão de texto acadêmico tem elementos pré-textuais, como capa, resumo, sumário e agradecimentos; elementos textuais, como a introdução e os capítulos; elementos pós-textuais, como referências bibliográficas e anexos. Concentre-se no sumário e faça-o simples: resumo, introdução, três capítulos (revisão conceitual, percurso metodoló-

---

[4] Quando terminar a leitura desta carta, explore devagarzinho o livro de Anne Lamott, *Palavra por palavra: instruções para escrever e viver*. Tradução de Marcello Lino. Rio de Janeiro: Sextante, 2022. Foram várias banquinhas guiadas por esse livro, vale assistir a esta: *Como começar a escrever*. Disponível em: <www.youtube.com/watch?v=P1iVNqCkoog>.

gico e análise dos resultados) e conclusão.[5] Acredito que você venha a escrever mais do que isso – talvez, um prefácio ou posfácio, alguns capítulos a mais; talvez, você use tabelas, gráficos, fotos, desenhos ou ilustrações. Não se preocupe com o detalhamento da estrutura agora. Comece pelo formato básico, pois seu exercício não será apenas numerar capítulos um, dois ou três: será, abaixo de cada um deles, fazer um resumo de até cinco frases sobre o que será coberto em cada capítulo. Ou seja, você começará a organizar o que imagina que será escrito em cada seção do seu texto.

Acho que vale aterrissar em um exemplo concreto. Quando escrevemos o livro sobre plágio, em cada capítulo cobríamos um elemento da discussão – como definir o plágio, como prevenir o plágio e como entender as consequências do plágio. Quando você se depara com a tela vazia para escrever o seu texto, você está em ponto de ebulição criativa: leu muito, realizou o trabalho de campo, tem pedaços úteis de argumentos aqui e ali, e o seu caderno canteiro de obras está recheado de notas. Iremos organizar como cada ideia pode ser distribuída na composição do texto. Essa primeira organização irá mudar com o decorrer do tempo, e é bom que ela seja flexível a fim de que você se sinta à vontade para mover partes de um capítulo para outro. Quando começar a escrever os pequenos resumos de cada capítulo, descobrirá se aquilo que parecia um capítulo

[5] Lembra-se de que você imprimiu o regimento de seu curso? Volte nele e busque que sistema de normalização bibliográfica é adotado. Estude-o, pois as regras de formatação de seu texto e das seções estarão ali descritas.

pode ser distribuído em dois. Também descobrirá que alguns elementos que considerava relacionados aos seus argumentos ficarão fora da escrita, pois exigirão um desvio argumentativo que não cabe no momento.

Sinta-se satisfeita se conseguir elaborar um sumário, mesmo que seja formal e ainda sem detalhes. Em nossa alegoria do bordado, é como se você tivesse feito uns traçados genéricos no tecido, até mesmo copiando de outros bordados que já viu. Faça isso, abra sumários que considera informativos e veja como eles foram elaborados – não é plágio, todas fazemos isto: estudamos como outras autoras organizaram suas ideias. Georges Didi-Huberman é conhecido pelos sumários detalhados de seus livros; dê uma olhada para se inspirar. Se ainda não o fez, interrompa a leitura e passeie pelo sumário desta carta. É um resumo telegráfico do que trata o livro, mas eu não comecei com os títulos atuais, nem mesmo com essa organização. Assim será com você.

A sua página vazia agora tem um sumário expandido. Antes de começar a importar parágrafos de outros textos ou memorandos para povoar as seções, faça uma nova pausa. O sumário deve ter provocado um curto-circuito em suas ideias, os vaga-lumes devem ter acendido e perturbado o seu juízo. Aproveite essa intensidade de ideias e, sem qualquer filtro argumentativo ou de edição de texto, escreva o que vier à sua cabeça. Mas, faça isso sem pausa. Se preciso, marque dois ciclos de pomodoro. Vá escrevendo de conceitos a resultados da pesquisa. Vale o que atravessar o seu pensamento, tente apenas fazer frases completas. Esse é um exercício de registrar o que o passeio pelo sumário causará em suas ideias. Escreva sem qualquer interrupção ou tentativa de fazer o texto elegante: só você o lerá, ninguém mais. Será um descarrego de ideias na tela do computador. Coloque essas páginas – sim, espero que sejam entre três e cinco páginas – no lugar em que ficará o resumo na versão final de seu texto.[6] Agora, sim: faça uma pausa e, se ainda tiver tempo, retorne para escrever um pouco mais. Se não, retorne ao seu computador no dia seguinte. Nessa fase de exercícios iniciais, você deve retornar à escrivaninha todos os dias para escrever.

No dia seguinte, comece relendo o sumário e o resumo expandido – a explosão de ideias da véspera. Trabalhe um ciclo de pomodoro nesses dois elementos, não mais do que isso. Faça isso por dias seguidos. Essas partes iniciais são inspiração para a escrita diária: um recordatório de suas ideias. Saia do resumo e observe seu sumário: que parte lhe parece mais simples de começar? Ignore a ordem dos capítulos, concentre-se em minha pergunta: por qual dos itens do sumário seria mais fácil começar? Compartilho a resposta mais comum: o capítulo de métodos e de ética em pesquisa. Que tal começar por ele, descrevendo como fez sua pesquisa, como construiu o mapa de autoras, que pessoas entrevistou ou quais arquivos consultou, como foi o processo de aprovação pelo comitê de ética, como se deu o consentimento para pesquisa, ou mesmo que fundo de arquivo de seu grupo de

[6] O resumo final ocupará um pouco mais do que meia página, em espaço simples.

pesquisa você utilizou?[7] Se você está trabalhando com uma questão vinculada à investigação de outras colegas do grupo de pesquisa, melhor ainda começar por esse capítulo. Leia o que suas colegas escreveram em seus textos: não para copiar, mas para ficar atenta ao que precisa ser dito, porque, certamente, há muitas coisas em comum entre as várias pesquisas de um mesmo grupo.

Por que recomendo começar pelo capítulo mais ágil, ou, ao menos, pelo mais protocolar de todos? Volte ao teste do elevador: "O que você está pesquisando?", que nós aqui transformamos em "O que você está bordando?" Você vem respondendo o que é sua pesquisa ou sobre como realizou seu trabalho de campo; então, volte à alegoria da resposta: "Uma mantinha para o meu cachorro." Você tem uma história contada sobre esse capítulo. Isso lhe permitirá ir se familiarizando com o computador para esse encontro de escrita. No dia seguinte, quando ligar o computador novamente, terá páginas escritas – isso oferecerá um alívio criativo. Não perca tempo planejando a escrita do capítulo de métodos: solte suas palavras, ocupe a tela vazia, assim como fez com o resumo expandido. Só depois desse exercício é que recomendo que comece a reler seus memorandos e fichamentos para fazer recortes. O que quero sugerir com esse exercício? Comece forçando-se a criar palavras e argumentos novos,

[7] É certo que alguns campos das humanidades, como algumas pesquisas em filosofia ou teologia, não terão percurso metodológico como descrevo. Minha recomendação é que olhe no seu sumário o capítulo mais protocolar de todos e comece por ele.

porém pela parte mais controlada de seu texto, que é a seção de metodologia.

Um dos grandes desafios de começar a escrever é, de fato, ligar o computador, sentar-se em frente à tela e arriscar-se a digitar. Não estou exagerando: quando a procrastinação insistir em reinar, sua maior barreira será ligar o computador para escrever. Mas não é escrever qualquer coisa, como uma postagem em redes sociais. Será escrever o texto que a espera. Por isso, leve a sério o exercício de planejamento do tempo com o calendário e a agenda diária. Todos os dias, escreva em sua agenda de tarefas o que irá percorrer na escrita. No dia seguinte, analise-se: verá que o desafio de se sentar na escrivaninha e ligar o computador é o mais complexo de todos. Se você ainda não viveu essa experiência, fico aliviada. Mas não desdenhe dela, pois todas as escritoras que conheço – mesmo as mais experientes – viveram fases de distanciamento do computador. No seu caso, não há a opção da espera para que o reencontro entre você e o computador chegue: o calendário a aguarda.[8]

A ESCRITA ACADÊMICA

A escrita acadêmica tem suas regras – algumas, estéticas, outras, de conduta. Assim como no bordado e na cozinha,

---

[8] Eu presumo que você escreva diretamente no computador. Se esse não for seu caso por razões de acomodação das suas habilidades corporais, leia-me como me referindo ao meio que utilizar para colocar suas ideias em letras, seja a escrita a mão ou o ditado.

nem todas as texturas e ingredientes combinam entre si. Há espaço para a criação, mas depende do reconhecimento inicial das regras básicas de corte de um tecido, da combinação entre os pontos e linhas, ou da química culinária. O malfeito do plágio é uma regra ética de conduta. A escrita legível é daquelas normas fronteiriças entre a estética e a moral acadêmica. Para entender o que digo, primeiro me responda: por que você escreve? Se a resposta for "para me formar, pois a monografia de graduação é uma exigência formal do curso, não tenho interesse em pesquisa ou escrita", pense em mudar de orientadora. Eu não serei uma boa orientadora para você, ficarei pedindo coisas que serão exageradas aos seus interesses. Eu não espero que todas as orientandas de graduação sigam carreira acadêmica, mas gostaria que todas vivessem o encantamento pela experiência e, por isso, se permitissem viver a escrita e a pesquisa com profundidade. Assim, aproveite a leitura desta carta e troque de orientadora. Eu prometo a você que não haverá problemas.[9]

Você deve ter escutado colegas ou professoras comentando "como você escreve bem". Isso pode ter sido direcionado a você ou às suas colegas. Se essa é sua experiência – se sua escrita é agradável –, ainda melhor, pois você ganhou confiança em como escrever. Mas, se não for, não se preocupe: como tudo o que falei por aqui, também aprendemos a escrever de maneira mais simples, eficiente e legível com o tempo. O que fará é um exercício para desaprender a arrogância acadêmica.

[9] Isso não implica qualquer julgamento sobre você ou sobre colegas orientadoras. Há espaço para várias experiências de escrita acadêmica.

E ainda temos uma vantagem em relação às escritoras criativas: não se espera de nós elegância, beleza ou estilo singulares. Precisamos cultivar um argumento compreensível, um texto sem erros de digitação e um bom uso da língua portuguesa – isso que venho chamando de "legibilidade". Quando eu simplifico a escrita que espero de você, não é por duvidar de sua voz de autora. A estética facilita a comunicação, as leitoras gostam de reconhecer o estilo das autoras fortes, mas, diferentemente do que ocorre na poesia, podemos ser autoras ordinárias e, ainda assim, pesquisadoras confiáveis.

Não sou ousada como Rainer Maria Rilke, que, em suas cartas a um jovem poeta que o consultava sobre a qualidade de seus escritos, sentenciou: "Investigue o motivo que o impele a escrever; comprove se ele estende as raízes até o ponto mais profundo do seu coração, confesse a si mesmo se o senhor morreria caso fosse proibido de escrever."[10] Há muitas outras coisas que me angustiariam assim antes de ser proibida de escrever. Ser proibida de ler, talvez. Tenho livros ao redor da cama, na mala do avião, para a fila de espera da dentista e na bolsa de passeio dos cachorros. E, sem que eu abale seu respeito acadêmico por mim, na minha lista de prioridades vitais, estar com as pessoas é tão bom quanto escrever. Mas, mesmo não sendo a principal razão de minha existência, escrever me traz alegria. Como disse Audre

[10] Rainer Maria Rilke. *Cartas a um jovem poeta*. Porto Alegre: L&PM, 2011, p. 25.

Lorde: "o seu silêncio não irá lhe proteger".[11] Minha escrita me protege, e espero que proteja outras pessoas – escrevo para proteger ideais e valores que acredito serem capazes de tornar a vida de muitas pessoas mais justa e boa. Pense nos valores que motivam sua escrita e sua pesquisa.

Eu também acredito que a motivação para a escrita é de uma ordem existencial. Ela é íntima e política. Escrevemos para existir em nossas ideias, para habitá-las ou possuí-las e, com isso, provocar nossas leitoras que buscam refinar o pensamento próprio ou que desconhecem o que escrevemos. Eu quero conhecer a autoria das ideias que leio e quero circular novas formas de dizer ideias antigas. Por isso, escrever é arriscar-se. É se expor ao debate público, é provocar a (des) imaginação – e tudo por meio de um instrumento de intervenção: o texto. Da mesma forma, o texto nos conecta a pessoas e lugares nunca vistos. Conheci pessoas encantadoras que se aproximaram de mim pelo que escrevi. Saí à procura de muitas autoras pelos textos que li. Fui até elas apenas para agradecer por aquilo que me ensinaram. Hoje somos, além de ternas colegas, leitoras mútuas.

Pelas redes sociais, conheci muitas autoras que admiro. Gosto de vê-las comentando o mundo comum, contando histórias e compartilhando o que leem. Conheci também leitoras de meus livros e pessoas que fizeram meus cursos virtuais. Uma das experiências mais fascinantes me ocorreu recentemente:

---

[11] Audre Lorde. *Irmã Outsider: ensaios e conferências*. Tradução de Stephanie Borges. Revisão da tradução de Cecília Martins. Belo Horizonte: Autêntica, 2019.

Luanda é uma menina de 14 anos, filha de Márcia e irmã de Dandara.[12] Márcia me escreveu pelas redes sociais e enviou um vídeo que Luanda produziu sozinha: na escola, ela leu o livro de Flávia Martins de Carvalho, *Meninas sonhadoras, mulheres cientistas: linguagens e ciências humanas, matemática e ciências da natureza*, no qual minha biografia como pesquisadora estava contada em formato de cordel.[13] O livro é majoritariamente sobre escritoras, pensadoras e cientistas negras. Luanda resolveu se aprofundar no que a autora contava, e me mandou perguntas. Eu fiz um vídeo respondendo às perguntas de Luanda, que eram perguntas de uma jovem leitora buscando as motivações para o que eu faço. Como esta sobre valores éticos e políticos, e as razões de minhas pesquisas: "O que te levou a começar a militância de defender os direitos reprodutivos, de defender os direitos das mulheres?"

Luanda não leu meus livros – e nem deveria, pois não são para sua idade escolar. Márcia, a mãe, leu-os, e considerou apropriado que Luanda se movesse do cordel para o encontro. O que Luanda fez foi extravasar a escrita, ela saiu à procura de quem escreve. Nem sempre teremos condições de amarrar o ciclo entre quem escreve e quem lê, como Luanda fez comigo. O texto ganha vida sem nós. É uma criatura paradoxal: será nosso, mas, uma vez criado e publicado, não poderemos

[12] A história de Luanda é contada com autorização da mãe, Márcia Lucia Anacleto de Souza, que, além de ter revisado o vídeo quando respondi à filha, também leu os trechos desta carta sobre elas.

[13] Flávia Martins de Carvalho. *Meninas sonhadoras, mulheres cientistas: linguagens e ciências humanas, matemática e ciências da natureza*. São Paulo: Editora Mostarda, 2023.

mais alterá-lo. Ele é independente, por isso não mais pedirá licença à criadora para se expressar em diferentes tempos e espaços. O texto passa a existir em seus próprios termos, e as leitoras passam a possuí-lo de um jeito único: são elas que dirão a outras pessoas para ler o que escrevemos. O que isso significa? Que não existe bula de entendimento para o que escrevemos. Nossos textos serão lidos por leitoras atuais e por aquelas ainda por vir, por quem pensa como nós e por pessoas que nem sequer se sentariam conosco para uma troca argumentativa razoável. Por isso, reconheça a força da escrita acadêmica, mas seja cautelosa no uso desse poder. Só assuma como seu o que sair de suas entranhas e se expressar por seus argumentos, só anuncie aquilo que conseguirá sustentar ou revisar na extensão de sua trajetória acadêmica.[14]

Faço uma pausa para conversar sobre a assinatura nos textos acadêmicos. Há orientadores que acreditam que os textos de seus orientandos são também seus – assim mesmo, como se fosse uma extensão de propriedade. Não há infrações éticas em orientadores e orientandos serem coautores de textos, mas,

[14] O fato de um texto ser perene não significa que iremos repetir os argumentos escritos no passado como válidos no futuro. Autoras fortes redescrevem-se e fazem dos textos passados elementos de sua trajetória como escritoras. Por isso, uso os verbos "sustentar" e "revisar" para me referir às ideias anteriores. É sempre possível e desejável se "redescrever". Susan Sontag escreveu *Sobre a fotografia*, em 1973, no qual defendeu uma posição crítica em relação à fotografia como evidência política. Duas décadas depois, publicou um novo livro sobre o mesmo tema. Na nova obra, duvidou de sua tese "conservadora sobre a fotografia". "Isso é verdade?", inquietou-se, duvidando de seus argumentos de vinte anos antes. "Pensei que era quando escrevi, mas não estou tão segura agora" (Susan Sontag. *Regarding the Pain of Others*. Nova York: Farrar, Straus & Giroux, 2002, p. 82).

como disse nesta carta, essa não é uma consequência natural da relação de orientação – é algo a ser construído entre os autores. Você deve novamente estar inquieta sobre por que uso o masculino ao falar de coautoria: porque essa foi uma prática instituída pelos chefes de laboratório, pelos pesquisadores com financiamentos internacionais, ou seja, pela ordem cis-masculina na ciência. É verdade que há pesquisadoras de novas gerações que reproduzem essa relação de posse, mas essa é uma compreensão equivocada sobre o que é orientar e ser coautora de um texto. Da mesma forma como você não assina textos dos quais não participou da escrita, ou dos quais não revisou cada detalhe do argumento, nenhuma outra pessoa deve assinar seus textos: não é ético e há riscos nessa partilha de autoria.[15] Um deles é o de você ser convocada a responder por argumentos que desconhece.

Além da assinatura, a voz do texto é tema de intensas discussões na escrita acadêmica – até mesmo de controvérsias. Você tem várias opções de como se colocar no texto, desde a voz autoral pessoal, como faço nesta carta em primeira pessoa, até estilos impessoais, como o sujeito indeterminado. Não aceite fórmulas ou tendências: além de pensar o gênero do seu texto, pense a voz narrativa. Eu publiquei artigos em que o sujeito da escrita é o próprio texto: "Este artigo ana-

---

[15] Sei que os campos se diferenciam sobre quanto de participação é suficiente para contar como uma coautoria. Consciente dessas diferenças, sustento que qualquer que seja a particularidade da área, quem assina um artigo deve estar segura do que está escrito e de como a pesquisa foi feita. Todas as coautoras são responsáveis pelo texto final.

lisa", por exemplo; em outros, fiz uso da primeira pessoa do plural, quando escrevi em coautoria com colegas. A decisão é pessoal, de ordem estética e política, mas que deve levar em consideração quem serão suas leitoras e o contexto em que seu texto circulará. Além disso, analise a tradição de seu campo disciplinar. Você pode reproduzi-la para evitar estranhamentos desnecessários em sua banca, ou você pode desafiá-la, transformando a voz autoral em uma questão metodológica, ética ou argumentativa em seu texto.

O TEXTO ACADÊMICO

Não acredite que para iniciar a escrita de seu texto é preciso o percurso histórico de um conceito ou de um fenômeno – a historiografia é um campo para especialistas, e há métodos para a pesquisa histórica. Uma historiadora busca as fontes originais – sejam elas arquivos, documentos, imagens ou entrevistas – e compõe um percurso analítico original. Não vale repetir a historiografia de outras autoras como se não houvesse autoria sobre como uma história foi contada. Vale menos ainda sair das cavernas para o século XV e, em um salto, para o amanhã. Só faça percursos históricos se forem necessários para compreender algum conceito: eles devem ser circunscritos a uma questão e baseados em diferentes fontes. E a história deve ser construída por você ou referenciada em autoras diversas. Não há problema em ampliar sua pesquisa para as fontes históricas, caso você não seja uma historiadora.

É só um lembrete para que faça isso com respeito pela aproximação interdisciplinar.

A história não é uma narrativa neutra – importa saber o passado das leis sobre violência contra a mulher no Brasil, mas também saber quem compilou essas leis, quem escreveu essa história e quando, que tipos de evidências usou e quais ignorou.[16] Por isso, não confunda as seções de introdução ou de revisão da literatura de sua monografia, dissertação ou tese com historiografia de senso comum, sem autoras e fontes; nem com resumos produzidos por aplicativos de inteligência artificial. Se está em dúvida se sua historiografia é necessária ou não, faça um teste: pergunte a um aplicativo de inteligência artificial: "Me apresente uma história das leis de violência contra a mulher no Brasil, da Constituição de 1988 até os dias atuais." Se o conteúdo for parecido ao que pensava escrever é porque você não precisa dele.

Eu sei que os começos dos textos são uma tarefa árdua. Antes, falei sobre iniciar a escrita pelas bordas, fosse o sumário ou o capítulo de metodologia. Mas você deve estar inquieta sobre como iniciar a introdução se não for com a historiografia dos manuais ou dos aplicativos de inteligência artificial.[17] Na dúvida sobre o que fazer, o segundo atalho

---

[16] No verbo "lembrar", do livro *Esperança feminista*, Ivone Gebara e eu discutimos como lembrar é um gesto de reescrita da história, em particular para evitar o que Chimamanda Adichie descreveu como "o perigo de uma história única", ou seja, a história escrita pelos poderes hegemônicos ou opressores (Chimamanda Ngozi Adichie. *O perigo da história única*. Tradução de Julia Romeu. São Paulo: Companhia das Letras, 2019).

[17] A página vazia da introdução rendeu uma banquinha: *Como escrever uma introdução?*. Disponível em: <www.youtube.com/watch?v=jHRq0U-DCpCE>.

mais comum é recorrer à etimologia dos conceitos. A etimologia é outro ramo do conhecimento que nossas colegas linguistas ou filósofas se desdobram em explorar com competência. No livro que escrevi em conjunto com a filósofa e teóloga católica Ivone Gebara, ela exercita a etimologia para pensar seus caminhos pelos verbos. Ela cita dicionários, percorre as palavras pelas raízes latinas ou gregas. Esse é um caminho que pode ser elegante e persuasivo, mas também arriscado. Gebara fez com conhecimento e delicadeza. Meu conselho é que, se não for esse o seu campo de pesquisa, não vá por aí: não faça etimologia por pesquisa rápida em aplicativos de inteligência artificial, nem cite dicionários de uso corriqueiro para explicar um conceito por suas raízes linguísticas.

Percorrer a etimologia das palavras não nos dá autoridade para compreender as redes de poder nem nos leva a saber o que nossos temas provocam na atualidade. A revisão da literatura é exatamente isto: compreender como os conceitos se comunicam ou se distanciam entre autoras, textos e tempos, e localizar as intrincadas redes de saber e de reconhecimento dos argumentos. "Loucura" não foi a mesma coisa nos últimos trezentos anos da história – Michel Foucault mostrou como é recente a significação do conceito como doença mental.[18] Falar de loucura na Grécia Antiga é falsamente pressupor uma longa permanência na história: o que antes era loucura não é a mesma coisa que hoje a psiquiatria biológica classifica como sofrimento mental. Desconheço quem venha a estudar o tema da saúde mental nas humanidades sem se

---

[18] Michel Foucault. *História da loucura*. Tradução de José Teixeira Coelho Netto. São Paulo: Perspectiva, 2010.

debruçar sobre a obra de Foucault, o que não significa que a genealogia percorrida por ele seja a que você vá adotar em seu texto. Se assim o fizer, será com explícitas citações e referências à autoria dele. Por isso, quando pensar em método, seja cuidadosa com as pessoas, as comunidades, os tempos e as sociedades, mas também com as autorias das histórias já contadas.

Porém, deixe-me aterrissar um pouco mais: a escrita acadêmica é uma matéria que se conforma na tela do computador. Leia-me com uma forte dose de suspeita – como você, sou apenas uma escritora acadêmica, busco que minha escrita seja funcional e acessível; não ocupo nenhum espaço no campo da escrita criativa ou das professoras que ensinam como escrever. O que digo sobre escrita acadêmica são pecinhas de coisas que aprendi observando outras pessoas escrevendo e arriscando escrever. Não são fórmulas, como fiz com a enunciação do problema de pesquisa. Talvez, o que digo seja um palavreado para ser rejeitado, caso você seja uma escritora experiente e faça as coisas de um jeito distinto. Peço que não se aborreça comigo se passar a dizer coisas que lhe soam tolas. Vou adorar conhecer suas reações, especialmente ao que lhe parecer equivocado.

Sua unidade de texto é o parágrafo.[19] Roland Barthes dizia que era a frase, mas serei mais generosa com nossa escrita. Faça uma nova pausa na leitura desta carta e se conheça

---

[19] Fizemos uma banquinha exclusiva sobre a escrita do parágrafo: *Parágrafo*. Disponível em: <www.youtube.com/watch?v=mf1Jl5oQHlk>.

mais uma vez. Busque um texto acadêmico de dez páginas que você tenha escrito para alguém, seja uma colega ou professora. Analise seu fôlego. Como? Veja de quantas linhas precisa para escrever uma unidade de pensamento, isto é, um parágrafo. Veja com quantos pontos, vírgulas, pontos e vírgulas e travessões você interrompe seus argumentos para que as leitoras possam respirar.[20] Se não houver ritmo, permita-se um reparo textual. Você deveria buscar um ritmo que recomendo ser detectável no texto: o que acha de evitar escrever parágrafos de dez linhas e outros de duas linhas? Percorra esta carta e descobrirá que eu tenho um fôlego mais ou menos ritmado na redação. Esse ritmo não veio como um dom – foi treinado, domesticado e editado pelas sucessivas revisões. Há algo também de estético na impressão do texto escrito com harmonia.

Alguns manuais sugerem que o parágrafo na língua portuguesa se alonga entre seis e quinze linhas. Não sei de onde tiraram essas regras, mas ela me parece fazer sentido – ou apenas gostei e passo a repeti-la com minhas próprias extensões. Dê uma passeada pelos textos dos quais admira os estilos narrativos. Aprecie o fôlego de suas autoras fortes, criativas ou acadêmicas. Devagar, tente desenvolver seu jeito de escrever com esses parâmetros de extensão. Vamos pensar um

[20] Experimente fazer uso dos recursos de pontuação: verá como sua fluidez na escrita ganhará força. Se conseguir, leia um livro leve sobre o que você pode fazer com o uso diversificado da pontuação em seu texto: Lukeman Noah. *A arte da pontuação*. Tradução de Marcelo Dias Almada. Rio de Janeiro: Martins Fontes, 2019.

pouco sobre técnicas de subversão de estilo. José Saramago, no diálogo entre Deus, Jesus e o Diabo, em *O Evangelho segundo Jesus Cristo*, tomou quase trinta páginas do livro sem pausas longas – o que me fascina.[21] Saramago subverteu os parágrafos, reinventou a estética textual e ganhou o Prêmio Nobel de Literatura. Se eu tentar reproduzi-lo, as leitoras me abandonarão por fadiga mental.

Tampouco me imagino reproduzindo Matsuo Bashō, com três linhas de haicais que metaforizam elementos da estética japonesa sobre tempo e natureza, e que encantam quem o lê quatrocentos anos depois: "O velho tanque/ Uma rã salta/ Barulho de água."[22] Se eu escrever algo acadêmico no estilo haicai, será como um telegrama inútil até mesmo para as redes sociais com limites de palavras. Entre Saramago e Bashō, ou, melhor dito, entre fronteiras mais mundanas da escrita, é que eu tento me experimentar no texto. Queria convidá-la para também estar nessas fronteiras da experimentação da palavra.

Não entendeu o haicai? Eu também demorei para senti-lo. Mais tempo ainda para estudar a estética japonesa e a história do período Edo para identificar os sentidos latentes do poema. A poesia pode ser metafórica ou alegórica, mas o texto acadêmico deve ser cauteloso quanto ao uso dessas figuras de linguagem, ao menos nesse momento de sua escrita.

---

[21] José Saramago. *O Evangelho segundo Jesus Cristo*. São Paulo: Companhia das Letras, 2005.

[22] Matsuo Bashō. *Trilha estreita ao confim*. Tradução de Kim Takenaka e Alberto Marsicano. São Paulo: Iluminuras, 1997.

Sei que é um pedido estranho, pois peço que se afaste das potencialidades da escrita, como se estivesse escondendo os pontos mais complexos de um bordado. Mas entenda como um pedido de moratória: é só nesta fase em que você escreverá textos acadêmicos para avaliação por banca.

Algumas me ouviram falar sobre restringir metáforas e, rapidamente, me contestaram com Judith Butler e a "performance de gênero" para demonstrar o quanto a metáfora e a alegoria ocupam a escrita acadêmica feminista. Assumo que a réplica é precisa, pois me denunciei sobre o quanto aprecio Butler. Aceito o argumento, mas pensemos juntas: essas são metáforas conceituais. Peço que você evite as metáforas, pois elas podem denunciar uma insuficiência do argumento. E já que estamos nesse terreno arriscado dos alertas, imploro que esqueça os adjetivos e os advérbios totalizantes, tais como "sempre", "nunca", "todos" ou "ninguém". Há outros, busque-os no seu texto, e aproveite para observar como eu mesma deslizei em alguns nesta carta.

Explore, descubra seu jeito de escrever. Como? Observe o estilo de autoras fortes, ensaie como gosta de organizar suas frases. Seja legível e objetiva, evite o excesso de jargões, fuja das ironias e não faça acusações. Estranhe a arrogância acadêmica que deixa o texto incompreensível. Seu argumento se sustenta em evidências, em particular na sua argumentação conceitual e em sua pesquisa empírica, e não na força dos adjetivos ou das generalizações. Os verbos são seus traidores, pois poderão dizer coisas diferentes de suas intenções. Os adjetivos operam como exigências a quem lê: para o adjetivo, não é o argumento o que mais importa, mas sim a convicção de que devo acreditar nele. "O que digo neste parágrafo é muito importante", veja em que camisa de força eu tento amarrá-la. Descubra seus vícios, suas repetições (eu os tenho em abundância e a cada escrita me descubro neles). Leia-se em voz alta: mesmo que tenha sua voz interior na leitura, pare em alguns parágrafos mais árduos e os leia pronunciando as palavras.

Espere para anunciar sua palavra livre e ousada na conclusão, em que até mesmo a palavra adjetivada terá espaço. A conclusão é seu espaço de liberdade e, para algumas autoras, de risco. É na conclusão ou no fechamento do texto que dizemos aonde chegamos com a pesquisa, mas também o que ainda não conseguimos entender e o que ainda precisa ser feito. Boas conclusões são seções magníficas para quem busca ideias de pesquisa. Eu as leio com meu caderno canteiro de obras ao lado. Não confunda seu texto com uma postagem em redes sociais, o texto acadêmico pede mais fôlego, detalhamento e calmaria: tem uma escrita particular que causaria estranhamento nas redes. É como um bordado mais cuidadoso em cada ponto e textura de linha – nas redes sociais, podemos fazer alinhavos de bordados ou só um pedacinho deles, não é mesmo? Assim, não tenha medo da escrita, só cuide dela. Ela é parte de você.

Mas há outra regra – uma provocação feminista à escrita acadêmica que se crê neutra. Eu gosto que me reconheçam como uma autora. O que escrevo sobre mulheres se mistura à minha existência corporificada.[23] Muitos de meus temas não fazem parte da minha intimidade, mas são explorados a partir de minha vivência como mulher em convívio com outras mulheres. A mim, importa conhecer as localizações de gênero, sexualidade, raça ou atipicidade das autoras – a depender dos temas que exploram. Por isso, ao citar pela primeira vez uma fonte em meu texto, referencio-a pelo nome e sobrenome.[24] Volte uns parágrafos e se dará conta de que fiz isso até aqui. O principal sistema de normalização bibliográfica utilizado pela comunicação acadêmica em humanidades no Brasil, a Associação Brasileira de Normas Técnicas (ABNT), adota essa extensão de reconhecimento nas normas de citação bibliográfica.

Alguns de seus leitores não sensíveis à interseccionalidade a considerarão um excesso, mas se justifique dizendo que essa provocação não compromete a confiabilidade da ciência, e que faz parte das normas. Aproveito essa conversa para repetir o

---

[23] "Mulheres" é mesmo no plural para mim: cabem mulheres cis, mulheres trans, mulheres que se definam e vivam os efeitos do patriarcado e suas interseccionalidades no próprio corpo. Se mantenho o conceito de "mulheres" e não o substituo por "pessoas" é porque há um caráter político – e incômodo até – na escrita acadêmica desta carta, em mencionar mulheres como o sujeito do pensamento, da pesquisa e da escrita.

[24] Se para seu texto ou argumento importar a identificação racial, de atipicidade, sexualidade, gênero ou de região de sua fonte, faça dessa forma na primeira citação: "Fátima Oliveira, uma das primeiras bioeticistas negras nordestinas brasileiras", ou "Anahi Guedes, antropóloga surda, pioneira dos estudos sobre deficiência no Brasil", por exemplo. Uso atipicidade como recurso ao conceito de pessoas com deficiência. Para pensar o conceito de interseccionalidade, vale ler: Carla Akotirene, *Interseccionalidade*. São Paulo: Pólen Livros, 2019.

que digo como uma convicção ética na prática acadêmica: ser confiável não é o mesmo que ser neutra.[25] Seus leitores críticos sabem que neutralidade é uma ilusão difundida na ciência para nos dar poder de voz como gente autorizada: explicite que você não é neutra, porém pode ser confiável no que diz. Por isso, escrevo esta carta sobre como praticar a pesquisa e a escrita acadêmicas de forma confiável.[26]

Você deve estar aflita, sentindo-se limitada com tantas regras e prescrições. Dê uma volta. Teste a pausa do pomodoro, que é seu companheiro de leitura. Que tal dar um nome a ele? A minha ampulheta se chama Zoraide, a tia-avó bordadeira de quem falei. Releia os rabiscos em seu caderno canteiro de obras sobre o que escrevi até agora. Tome esse amontoado de palavras como a abertura de um labirinto que antes era fragmentado ou, tristemente, secreto no percurso. Esse é o melhor caminho para violar as prescrições, afugentar as angústias, descobrir-se como autora. O domínio das

---

[25] Em uma banquinha, discutimos como a pesquisa pode ser engajada ou mesmo militante. Perspectivas metodológicas sobre neutralidade, imparcialidade e confiabilidade foram discutidas em: *Pesquisas ativistas, engajadas ou militantes?* (disponível em: <www.youtube.com/watch?v=iQastQRpXhA>). Escrevi sobre essa questão na apresentação de uma entrevista com Didier Fassin: Debora Diniz, *Didier Fassin entrevistado por Debora Diniz*. Tradução de Debora Diniz. Revisão da tradução de Ana Terra e Soraya Fleischer. Rio de Janeiro: EdUERJ, 2015.

[26] Ao diferenciar neutralidade de confiabilidade não ignoro o poder da ciência em produzir verdades, mesmo que provisórias. Há verdades nos estudos sobre vacinas salvarem vidas, sobre a perversão do racismo e da misoginia nas condições da fome e da pobreza. A verdade é construída pela adesão aos métodos e às técnicas de pesquisa, no aspecto rigoroso e honesto da revisão da literatura, no caráter inovador do argumento. É nesse sentido que diferencio a afirmação acadêmica da opinião.

regras a prepara para quebrá-las e para se descobrir como uma criadora, uma futura autora forte. Se não acredita nesse método de conhecer para subverter, olhe as primeiras obras de Salvador Dalí. Eram uma repetição elegante da pintura acadêmica. O surrealismo de *A persistência da memória* explode como um estilo após essa fase introdutória. Algumas artistas sofrem com esse período inicial de submissão às regras, como foi o caso de Yayoi Kusama, artista japonesa contemporânea que descreve seus anos iniciais de aprendizagem da arte tradicional de pintura (*nihonga*) como sufocantes para sua pulsão criativa. Reconheço que a arte se move por percursos mais livres e singulares, em que a subversão das fronteiras pode ser ainda mais precoce do que na escrita acadêmica. Juntas, inventaremos outras formas de fazer.

zendo a própria parte que o habita para se desdobrar como uma criação, uma outra autoimagem. Só que acontecia nesse período de conhecer o que subverteu-lhe as primeiras obras de Salvador Dalí: sua maior expressão elegante de pintura acadêmica. O surrealismo de *A persistência da memória* explode como um estilo após [illegible] Algumas artistas sofrem com esse período inicial de submissão às regras, como foi o caso de Yayoi Kusama, artista japonesa contemporânea que descreve seus anos iniciais de aprendizagem da arte tradicional de pintura *nihonga* com os [illegible] para sua [illegible] criativa. Reconheço que a arte se move por percursos mais diversos e singulares, em que a subversão das fronteiras pode ser ainda mais precoce do que na escrita acadêmica. [illegible] inventam novas formas de fazer.

(OS DESENCONTROS)

Eu queria não escrever sobre desencontros acadêmicos. Mas aprendi com o próprio vivido, com o testemunhado por alunas e colegas e com os anos de minha experiência no comitê de ética pública da Universidade de Brasília, que a realidade da vida acadêmica não é apenas de encontros e trocas. Eu não queria trazer temas ruins para a nossa conversa, pois você é uma recém-chegada. Porém, como prometi falar do óbvio, isto é, tanto dos conhecidos quanto dos não ditos, é também preciso falar dos desencontros, dos abusos de poder e dos eventos desagradáveis na vida acadêmica. Mas, leia-me como quem se prepara para situações inesperadas, não como um anúncio de que irá vivê-las. A experiência da maioria das pessoas é de satisfação com a vida acadêmica, se não de contentamento. E ainda que você venha a viver desencontros ou situações agressivas, guarde o cerne desta conversa: você não estará sozinha.

As opressões do mundo também estão no espaço acadêmico. É ilusão imaginar que, por uma comunidade se dedicar a pensar, escrever e ensinar sobre as desigualdades, as pessoas que a habitam seriam capazes de eliminá-las. Há misoginia, transfobia, racismo, capacitismo, etarismo, discriminações regionais e de classe. Há desigualdade de poder – há acúmulo de poder e privilégios na figura do professor e do pesquisador: o de avaliar para aprovar ou reprovar; o de selecionar estudantes para o acesso a bolsas; o de anunciar o certo e o errado sobre argumentos ou ideias. Se há algo de diferente na comunidade acadêmica é que uma multidão de indignadas está atenta para responder às injustiças – se algo acontecer com você ou com alguma colega, encontraremos aliadas. A universidade é um espaço de aprendizado permanente e que se compromete com a transformação de situações injustas. E não digo isso como um alento. Gostaria de escrever que a universidade é um espaço sem violências, mas não é verdade.

Comecei esta carta lhe contando como foi estranho ocupar o lugar de orientadora de alguém. Esse é um lugar de poder, mas é também de encantamento, e experimento isso todos os dias com as orientandas – espero viver o mesmo com você. É certo que todas as pessoas possuem poder na vida, mas há relações que são mais desiguais do que outras. A de ensino e de pesquisa é uma delas – alguém ocupa uma posição de mais saber do que outra; concentra mais recursos materiais e sociais que outra. É comum haver diferença geracional, há ainda o prestígio acadêmico e os títulos. Toda essa constelação de símbolos e poderes precisa ser ocupada com um sério senso de dever para a responsabilidade pedagógica. E se há um bom pensamento para amenizar nossa conversa, é o de que estamos melhores do que já fomos. Parto para um evento do meu próprio passado como estudante.

O PODER, O ABUSO, A DISCRIMINAÇÃO

Quando cheguei à universidade, nos anos 1990, o assédio sexual de professores era normalizado, e o assédio moral se confundia com o exercício da crítica. Não tínhamos vocabulário para estranhar o que acontecia. O abuso de poder em sala de aula, nos grupos de pesquisa e na avaliação dos trabalhos era tomado como parte da iniciação à carreira acadêmica. A crítica acadêmica era performática: precisava ser pública e, até mesmo, humilhante. Felizmente, fomos transformando as formas de ocupar o poder acadêmico – o tempo do professor autoritário, cujas aulas são monólogos sobre si mesmo, está desaparecendo. Construímos uma convivência universitária mais solidária, um eficiente antídoto à solidão e ao sofrimento mental que atravessa a trajetória acadêmica de algumas pessoas. É ainda preciso enfrentar a tola ilusão de que a criação intelectual demanda angústia para ser original. As histórias de desencontros são muitas, e você, certamente, conheceu algumas delas assim que chegou à universidade: ouviu quem é o professor com modos estranhos e quem seria o mais acolhedor. Todas teremos alguma história para contar, seja como vivência própria ou como testemunha – assim como acontece na vida vivida em qualquer comunidade.

Um desses desencontros foi na minha defesa de dissertação de mestrado. A sala estava cheia, o tema provocava curiosidade. Eu havia realizado uma etnografia com monjas enclausuradas – um universo pouco conhecido de hábitos e de convivências (não havia nada de extraordinário na pesquisa nem no texto). Eu terminei minha apresentação oral, e, logo em seguida, começou a fala do primeiro arguidor. Ele não se acanhou nos modos rudes, e uma de suas primeiras frases foi: "Preciso ser honesto: eu não gostei de seu texto." Eu cheguei a ter dúvidas se o havia escutado corretamente, e tentei me recompor juntando as peças aprendidas sobre a performance da rudeza intergeracional acadêmica. Em meus cálculos solitários, me vi diante de duas opções: ou o arguidor queria me desestabilizar, ou ele, de fato, considerou meu texto desprezível. Em qualquer das hipóteses, eu precisava me defender, pois não havia conteúdo no julgamento de valor – apenas uma rejeição. Minha escolha foi ser altiva. E fui, mas ninguém havia conversado comigo sobre como reagir se isso acontecesse, nem sobre os riscos de minha valentia. Quando a sala estava quase vazia e o anúncio de minha aprovação foi anunciado, o arguidor pediu a palavra: "Quero me explicar, o que você escreveu está bom."

Eu não sei para quem ele dizia aquelas novas palavras: se para mim, ou se para a orientadora – ou se apenas como parte do ritual de humilhar para, depois, aprovar. Naquele dia, não celebrei a conquista do mestrado e não tomei notas de comentários elogiosos, se é que os recebi. Honestamente, não me recordo mais. Por isso, recomendo a todas as orientandas que anotem cada palavra que escutarem sobre seus textos. Em especial, os elogios. O meu esvaziamento tinha um pouco de vergonha, como se eu tivesse feito algo errado. Depois dele, vivi outras situações brutas, injustas e imerecidas; uma delas aconteceu enquanto escrevia esta carta, em um seminário internacional: "Isso que você mostra é ridículo", esbravejou o comentador.[1] Não acredite em quem lhe diga que você se acostumará com a rudeza. Eu nunca irei normalizá-la. Estou convencida de que não precisamos do espírito adversário para refinar nossas ideias ou nossos argumentos. A rudeza não me fez pensar melhor; apenas me ensinou como eu poderia me defender, o que é diferente. Eu acompanhei colegas que se angustiaram por temor da banca, acolhi colegas que desistiram da carreira acadêmica por sucumbirem ao espetáculo da rudeza. Eu repito: hoje, estamos melhores do que no século passado, quando as mulheres e pessoas mais diversas chegaram às universidades. Minhas colegas também acreditam na importância de cuidar, de dividir o poder, de ser mais uma educadora do que uma disciplinadora.

Há, no entanto, resquícios desse passado elitista da universidade como um espaço restrito para alguns eleitos e herdeiros. As ações dessas pessoas podem vir a machucar você, como aconteceu com estudantes e professoras mulheres no século passado, como ocorreu com alunas cotistas negras e indígenas quando chegaram à universidade e sofreram

[1] Em uma apresentação em que mostrei as fotografias do trabalho etnográfico com mulheres afetadas pela epidemia de zika, o comentador me perguntou sobre os usos das fotos, eu respondi que "nenhum": eram registros de um tempo e de um encontro. Ele não se sentiu satisfeito, acredito que pelo caráter amador das fotos.

múltiplas discriminações nos anos 2000.[2] Como orientadora, as perguntas que me cabem são: como ocupar esse lugar de poder com responsabilidade? Como compartilhar poder sem me desresponsabilizar como educadora e supervisora? As respostas não são fáceis, pois há uma estrutura, que me antecede e acompanha, montada para garantir privilégios de poder, para me restringir aos maneirismos de um orientador catedrático. Há até mesmo orientandos que chegam com essas expectativas e que buscam um orientador durão, cujas ideias transitam apenas numa direção. Esta carta é um dos resultados dessa longa reflexão sobre como transformar nossas formas de habitar o poder e o prestígio acadêmicos.

OS CONFLITOS DE ORIENTAÇÃO

Eu vivi pouquíssimos desencontros de orientação, e todos tiveram soluções pacíficas e acordadas. Tive um orientando que solicitou mudança de orientação, houve um outro caso em que eu recomendei a busca de outro orientador: não funcionávamos como um par. Não houve conflito, foi mais um desencontro de jeitos, desejos e interesses, de rumos do pensamento. Mas esses dois casos, em um grupo de quase cento e cinquenta orientandas com quem trabalhei, me ensinaram algo: para ocupar melhor a extensão de meu

[2] Em 2024, a Universidade de Brasília fez o primeiro vestibular para pessoas com mais de 60 anos. A convivência multigeracional enriquecerá a comunidade acadêmica e demandará cuidado para garantir a participação igualitária de todas as pessoas.

poder, eu não deveria funcionar como uma dupla para cada orientanda. Devagar, fui entendendo que o grupo distribuía o meu poder, empoderava-se para as formas de convivência e troca e, assim, diminuía as chances de conflitos. Os desencontros podem vir porque somos gente comum, e as pessoas se desentendem. Reflita se esse meu aprendizado se aplicaria a você também: se sim, participe de encontros de orientação coletivos, conviva ativamente nos grupos de pesquisa, não se isole e evite trabalhar solitariamente em um tema ou em uma relação de orientação.

Mas nem todos os desencontros se resolvem com uma mudança de orientação. Há situações violentas de assédio moral ou sexual, de deslegitimação de ideias ou mesmo de alguém.[3] Essas são experiências brutais, ainda mais quando ocorrem em um espaço pedagógico que se sustenta pela confiança e segurança nas relações. Se você for vítima de uma situação violenta, e espero que não seja com seu orientador, converse com ele, movam-se juntos para o enfrentamento. Se a relação disfuncional for a de orientação, junte-se a colegas e busque a coordenação do curso. Eu sei que é difícil e que isso desencadeará ciclos de violência, mas pense seriamente em registrar formalmente o evento abusivo: será por você e por outras estudantes que ainda chegarão a esse lugar. Conheça os canais formais e institucionais para o registro dos eventos violentos. Você terá receio de ser perseguida ou intimidada

---

[3] Houve uma banquinha sobre como enfrentar abuso e assédio no ambiente acadêmico. Se você estiver vivendo ou testemunhando um caso assim, assista a este vídeo e busque apoio: *Como enfrentar abuso e assédio no ambiente acadêmico?*. Disponível em: <www.youtube.com/watch?v=TFgsl_QEDEA>.

– o que não deixa de ser uma hipótese razoável –, mas não há alternativa mais eficiente para a proteção individual e coletiva do que o enfrentamento de situações injustas.

Eu gostaria que você vivesse os anos de estudante livre dos desencontros e das violências acadêmicas. Seria um alívio imaginar que você chegaria a essa comunidade e ela estaria tão transformada que nem mesmo a crítica abusiva que recebi aos vinte e poucos anos seria autorizada novamente. Sabemos que ainda há o que transformar, no mundo acadêmico e fora dele. Seremos protagonistas e personagens dessa transformação – em alguns momentos, em posições mais confortáveis do que em outras. Se nos mantemos firmes, é por nós, mas também pelas novas gerações de mulheres e pessoas ainda mais diversas do que nós que chegarão a esta comunidade. Conte comigo para essa jornada de transformação.

O PLÁGIO E OS MALFEITOS

O plágio é uma infração ética com consequências desagradáveis para sua carreira acadêmica. O plágio é uma mentira, um escondido que vai ser descoberto caso alguém leia seriamente o texto. Essa é a tolice do plágio: se o plagiador cruzar com uma boa leitora, será desmascarado; só se salva se não tiver boas leitoras e for abandonado. Há quem diga que o plágio é um crime, mas me interessa pouco pensar as implicações do malfeito em termos jurídicos. Vamos pensar o plágio no campo da ética e da integridade acadêmicas. O plágio machuca a autora, frustra a leitora e envergonha o plagiador.

Como autoras, escrevemos para que nossas leitoras acreditem em nossa palavra – elas precisam confiar que a escrita própria, mesmo que rudimentar, saiu do nosso próprio bololô de ideias, leituras e argumentos. Quando se descobre um plágio, vários sentimentos negativos atravessam esse circuito de autoras, leitoras e plagiadores – os mais comuns são frustração, desconfiança e raiva.

Plagiar é copiar literalmente as palavras de outras pessoas sem a devida atribuição de autoria. Mas é também plágio tentar esconder a cópia pelo pastiche do original. O "plágio cópia" é o mesmo que apertar as teclas "copiar e colar" de seu computador, ou tirar uma fotografia de uma pintura sem reconhecer que a original tinha autoria. Fazer um "plágio pastiche" é alterar ordens de palavras, substituí-las por sinônimos, fazer mudanças de cores nos bordados, e, ainda assim, a original pulsa como a imagem de partida. O plágio cópia e o plágio pastiche são nomes que demos para explicar duas formas comuns de copiar ou de remendar as palavras de outras autoras sem atribuir autoria.[4] A circulação do plágio pastiche se popularizou com o uso dos aplicativos de inteligência artificial: o que as máquinas oferecem como resposta

---

[4] Reviso-me no que escrevi em Debora Diniz; Ana Terra. *Plágio: palavras escondidas*. Brasília/Rio de Janeiro: LetrasLivres/Editora Fiocruz, 2014. Algumas das ideias se mantêm, em particular o conceito de plágio cópia e plágio pastiche, mas revisei outras ideias principalmente pela acusação de plágio retroativo contra mulheres na ciência com o uso de ferramentas caça-plágio, que não analisam argumentos ou contextos. Recomendo que leia esta obra para nosso trabalho conjunto, até mesmo porque discutimos uma abrangência de questões éticas que tocam o plágio, mas não se resumem a ele, como autoria, ordem de autoria, repetição de publicações etc.

às perguntas é um pastiche de muitas fontes já lidas, só que desconhecidas da memória ou de nossa biblioteca de leitura.

Tenha atenção ao plágio. Leve-o a sério como um malfeito intencional ou como um deslize das regras acadêmicas de referenciação bibliográfica. O plágio pode atravessar a escrita em qualquer momento da trajetória acadêmica, porém é mais arriscado nos primeiros experimentos de autoria própria e em trabalhos de coautoria, em que se desconhecem os coautores. Começo nossa conversa pelo plágio cópia, mas não me preocuparei demais com ele: esse é um evento raro entre escritores acadêmicos e, de tão vulgar e bruto, o ostracismo do plagiador é imediato. Há casos escandalosos de plagiadores de capítulos e livros de outras autoras, de dados de pesquisa e de conclusões. O plágio cópia é mais do que o "esquecimento" da autoria – é a intencionalidade da cópia com encobrimento da fonte. O plagiador não escreve como autor, apenas transfere palavras de um canto para outro. Aplicativos de caça-plágio detectam as cópias com facilidade, e não há o que fazer para salvar o miserável copista. A depender do contexto ou da peça acadêmica em que o plágio cópia foi detectado, as consequências podem ser rigorosas – como expulsão de um programa de pós-graduação ou processos disciplinares.[5]

---

[5] Se for identificado um plágio em um artigo de revistas acadêmicas, as editoras estampam "retratado" na capa do artigo. O artigo não será mais identificável pelas bases bibliográficas: é como se nunca tivesse existido. No entanto, o "artigo retratado" se mantém na memória da comunidade acadêmica como um fato vergonhoso. Para professores que são também funcionários públicos, o plágio pode ser passível de representação e investigação pela comissão de ética pública e pela comissão de ética disciplinar.

O plágio pastiche é mais rebuscado no encobrimento do malfeito, mas os aplicativos de caça-plágio com *thesauri* são capazes de detectá-lo. O pastiche é um remendo feito no original para encobrir a autoria. Para entender o pastiche no texto, vá para peças de artes plásticas em que essa seja uma técnica criativa. Interrompa a leitura desta carta e busque duas obras: a Monalisa de Leonardo da Vinci e a Monalisa de Jean-Michel Basquiat. A segunda é um pastiche da primeira. Volte à pesquisa: investigue outras versões da Monalisa, serão dezenas. Diferentemente da arte, o pastiche na escrita acadêmica é uma infração ética.[6] O plágio pastiche deve preocupá-la mais do que o plágio cópia, pois poucas pessoas fariam a tolice de "recortar e colar". Para todas nós, o plágio pastiche é perturbador pela expectativa da escrita acadêmica se desenvolver pela revisão da literatura. Você pode estar se perguntando: "Será que isso que fiz como paráfrase foi um plágio pastiche?"[7] Minha resposta é "talvez". Mas não se perturbe com isso – essa é a oportunidade de conversar, de saber para prevenir e de compreender as regras para sermos menos escandalosas em matéria de plágio pastiche. Sendo direta com você: iremos conversar para que não haja plágio pastiche.

Eu me deparei com muitas controvérsias envolvendo o plágio pastiche. Na maioria dos casos, havia uma incompreensão sobre as regras de referenciação acadêmica. As pessoas acusadas de plágio acreditavam escrever uma paráfrase,

---

[6] O pastiche na literatura pode ser uma forma original de paródia.

[7] A banquinha sobre paráfrase e citação direta rendeu uma boa conversa: *Como escrever paráfrases e citações*. Disponível em: <https://www.youtube.com/watch?v=XA5fs5BTo3w&t=12s>.

"parafrasear é ler e resumir com minhas próprias palavras", repetiam elas. Em certo sentido, a definição está correta, mas há mais do que isso. Uma paráfrase pede uma redução do texto original, ou seja, o resumo não é de um parágrafo do original para um novo parágrafo com sinônimos e ordens das frases alteradas no seu texto. Se o texto original que você quer citar é do tamanho de um parágrafo, o seu recurso de escrita é a citação direta. Eu concordo com você: a citação direta interrompe o texto, é esteticamente confusa e altera a cadência de seu próprio estilo narrativo. Como solucionar essa dependência das fontes originais e não terminar em um texto que é uma costura de remendos dos bordados de outras autoras?

A solução é aprender a escrever paráfrases. Paráfrase não é um pastiche do original, não se esqueça disso. A paráfrase é um resumo que conversa com seu texto, que dialoga com outras autoras e com seus resultados de pesquisa. Você lê um artigo de vinte páginas e faz uma paráfrase de um ou dois parágrafos; você lê um livro de duzentas páginas e o parafraseia em oito parágrafos. Há, portanto, uma regra de proporcionalidade que a ajudará a não cair no plágio pastiche: se a extensão de sua escrita é semelhante à extensão da original, a solução é citação direta. Mas saiba que há recomendações sobre até quanto seu texto deve ser construído com citações diretas – algo entre dez e vinte por cento.

Se você ainda estiver cursando disciplinas na graduação, no mestrado ou no doutorado, aproveite este momento para aprimorar as técnicas de escrita acadêmica. Exercite a paráfrase, tente evitar a citação direta. Quando escrever memorandos, pratique a paráfrase. Escreva resenhas como um exercício sobre saber parafrasear para publicar. Devo repetir mais uma vez como se faz uma paráfrase? Não é apenas resumir o que diz um livro, mas o que do livro conversa com a sua pesquisa, ou seja, é um resumo analítico de uma fonte. Assim, as paráfrases têm autoria, pois são resumos analíticos feitos por uma escritora para pensar seu problema de pesquisa. Talvez, por desconhecer que as paráfrases têm autoria, algumas pessoas se arriscam no uso do *apud*. Você já fez uso dele? Se sim, prometa que jamais o usará comigo, e nem me deixe ler algo que tenha usado o *apud* como recurso argumentativo. Não há infração ética nele, porém riscos.

Formalmente, o *apud* é um registro em latim que significa "citado por", ou, em termos informais: "Eu não li o que cito, mas cito mesmo assim." Há quem o descreva como "citação indireta". O *apud* é um resquício de um tempo da comunicação acadêmica em que o acesso às fontes não era amplo tanto quanto hoje: as bibliotecas não eram informatizadas, e os livros em outro idioma eram raros entre nós. O *apud* permitia que uma escritora alcançasse obras que não tinha como ler, mas, como desejava ser honesta em suas fontes, registrava quem a havia conduzido aos novos territórios textuais. De um sinal de honestidade e transparência do passado, o *apud* hoje deve ser para você um ícone da preguiça intelectual. Por isso, de uma maneira bem mais informal, descrevo-o como o acrônimo de "A Preguiça, Uma Desgraça: A-P-U-D". Não esqueça: trate o *apud* como um recurso inexistente. Se eu localizar algum em seu texto, terá uma orientadora em sofrimento.

Não existe o que chamam de "autoplágio": a palavra é, por si só, uma contradição. Se plágio é a cópia indevida de uma outra autoria, não há plágio de si mesmo. Repetir-se em diferentes publicações não é plágio, e pode até ser descrito como outras infrações éticas, como faltar com a transparência quanto ao ineditismo de uma publicação. E, ainda nesses casos, a análise precisa ser cuidadosa – é comum que autores escrevam artigos de jornal de divulgação ou até acadêmicos e depois os compilem em um livro. O mesmo acontece com publicações em outros idiomas: veja como é vazio o argumento de autoplágio no caso da publicação em espanhol de um livro originalmente em português. Mas como solucionar a questão da repetição? Indicando a prévia publicação dos textos e suas fontes originais. Eu mesma iniciei esta carta lhe contando que versões anteriores dela me inspiraram na revisão e que é possível identificar trechos das versões anteriores na atual, apesar de serem duas obras distintas. Guarde isto: nem todas as questões éticas sobre escrita acadêmica são plágio.

Na comunidade acadêmica internacional, o plágio está na agenda de controvérsias éticas. Há casos recentes de desafetos políticos ou acadêmicos que submeteram os escritos de décadas de uma pesquisadora em ferramentas de caça-plágio. A acusação de plágio levou à vergonha, restando a dúvida se a controvérsia era mesmo sobre plágio ou um atalho para perseguição política.[8] A verdade é que não há quem sobreviva a

[8] Enquanto escrevo, o caso de Claudine Gay, a primeira reitora mulher e negra da história da Universidade Harvard ganhou a cena internacional. As alegações de plágio foram pífias, e vale ler as próprias palavras de Gay sobre o triste episódio antes relacionado à perseguição dos estudos críticos nas

um escrutínio que ignora contexto e historicidade. As formas de referenciação acadêmica se transformaram no tempo, e o rigor investigativo contra o plágio pastiche cresceu com os aplicativos de caça-plágio. Por isso, lhe peço duas coisas. Primeiro, cuide de seu texto de hoje para proteger-se no instante e no futuro – se puder, submeta-o a uma varredura em aplicativos de caça-plágio. E, segundo, tenha cautela em sair julgando os casos que são feitos públicos. Uma ferramenta de caça-plágio identifica palavras e seus sinônimos, mas é frágil em uma leitura analítica e contextual de um argumento ou obra. As acusações de plágio retroativo às obras de autoras me fizeram pensar na questão ética do plágio com mais moderação.

Espero que você me entenda – não altero meu senso de integridade ética sobre o dever de transparência da escrita e do compromisso com a verdade da autoria. Apenas estranho como a questão do plágio virou um tribunal inquisitorial contra pesquisadoras mulheres, principalmente nas humanidades. Por isso, aproveite que está nas etapas iniciais de sua experiência como autora acadêmica para se cuidar ainda mais: conheça as regras de referenciação acadêmica, exercite a paráfrase, escreva memorandos como prática, não repita paráfrases de outras fontes, não faça uso de *apud* e submeta seus textos a aplicativos de caça-plágio. Isso reduzirá os riscos

---

universidades pela extrema direita, à emergência de mulheres negras no poder e à política militar internacional dos Estados Unidos: Claudine Gay. "Claudine Gay: What Just Happened at Harvard Is Bigger Than Me". *The New York Times*, 3 jan. 2024. Disponível em: <www.nytimes.com/2024/01/03/opinion/claudine-gay-harvard-president.html>.

de um plágio inadvertido. Porém, se ainda assim alguém identificar plágio em seu texto, quero que saiba que sentirei muito por sua vergonha, mas ela não será minha – mesmo como sua orientadora, não é minha responsabilidade evitar o plágio ou mesmo identificá-lo em seus textos. Iniciarei a leitura de seu texto com o espírito aberto à curiosidade e com confiança em seus compromissos éticos.

O ENCONTRO COM AS LEITORAS

Nós precisamos de nossas leitoras. O que pensamos, lemos nos livros e aprendemos no trabalho de campo se realiza na escrita. Nosso trabalho acadêmico é, essencialmente, transitivo: é um bordado para outras pessoas admirarem, usarem ou guardarem na estante. Se você vier a escrever um livro, haverá quem o circule como presente para outra pessoa. Já pensou no que isso significa? A mim, essa imagem é repleta de emoções boas: um livro escrito por mim como presente para alguém. No campo da escrita criativa, há quem conte que escreve para si mesma, que nem sequer imagina quem seja sua futura leitora. Eu insistiria que a escrita acadêmica se inicia na relação entre nosso pensamento e nossas palavras no computador, mas se concretiza com as leitoras imaginadas. Precisamos cuidar da escrita como quem cuida de alguém – nosso texto estará eternamente em movimento, ou seja, escrevemos algo para alguém. Nós, leitoras, não somos uma abstração e, no caso acadêmico, a escrita é dirigida a uma banca que você conhecerá antes mesmo de finalizar seu texto.

Considere sua relação com as leitoras como uma das dimensões do que irá aprender na vida acadêmica: é sobre saber escutar, ser sagaz em selecionar e sentir entusiasmos para (re)escrever. A finalização do rascunho do texto e o pedido para que algumas pessoas leiam é um momento acompanhado de uma confusão de sentimentos. Eu sinto alívio. Saio para caminhar, faço como uma pequena celebração pela leveza que sinto. Logo após essa breve pausa, o calendário passa a ser ingrato comigo – a cada dia, espero que minhas leitoras digam algo sobre o que leem. E eu preciso retornar ao texto enquanto espero que elas me convoquem, ou seja, vou transformando-o enquanto espero. Como são as primeiras leitoras, adoraria que elas dissessem algo sobre a leitura antes mesmo de terminá-la, mas as pessoas também têm seus calendários – o que me exige paciência. Os sentimentos mais ambíguos ainda virão pela escuta: quando entregamos um texto para leitura, não temos a dimensão de suas imperfeições ou acertos.

Você trabalhará na edição de seu texto enquanto as pessoas leem seu rascunho. Elas não devem saber disso, pois se sentirão lendo algo superado para você. Esse é um processo só seu. Nenhuma de nós tem calendário com folga – em geral, trabalhamos no limite do tempo. Por isso, nesse meio-tempo, você mesma identificará passagens imperfeitas que suas leitoras apontarão depois. Se esse for o caso, não diga "ah, isso eu já revisei". Só escute, não seja reativa, faça uma escuta genuína. Esses são encontros privilegiados da experiência como escritora, em que podemos escutar impressões e sentidos sem o texto ainda ser público. Você não pode ter pressa, e deve anotar (ou mesmo gravar com autorização) cada comentário que escutar de suas leitoras. Quem são elas? Pessoas em que você confia, pois entendem sua escrita ou suas questões de investigação. Provavelmente são colegas do grupo de pesquisa ou suas colegas de graduação, de mestrado ou de doutorado. Elas devem ler você antes que seu texto chegue a mim.

A ESCRITA, A (RE)ESCRITA, A EDIÇÃO

Nenhuma autora, nem mesmo as mais experientes, finaliza um texto e o envia para publicação. Eu venho falando de bordado até aqui, mas preciso confessar: sou um desastre na arte das agulhas e das linhas. Sem uma professora para me introduzir nos pontos, nas cores e nas texturas, e, principalmente, na leveza dos dedos, o que bordei sempre foi vergonhoso. Mas eu insisto, por enquanto solitária, pois quero aprender com uma bordadeira de minha terra, em Alagoas. Os meus retalhos de bordados são só meus, como peças de um diário interior, ninguém os vê. Assim será com você – seu caderno vaga-lumes é só seu; seus fichamentos e memorandos são, regra geral, somente seus. Não é tudo o que você escreverá que terá leitoras; a escrita para si mesma será uma prática permanente em sua experiência acadêmica. Para muitos textos, você não terá quem os leia além de você mesma.

Como sua leitora, começarei a conhecer o seu texto no que chamaremos de "rascunho". A palavra pode ser banal, pois todas sabemos o que é um rascunho, mas acredite: estamos longe de um consenso sobre o que descrever como rascunho.

Acordemos como nomear as fases de seu texto e as rodadas de leitura. Eu farei duas rodadas de leitura de seu texto: do rascunho e do texto final. Chamaremos de "rascunho" uma primeira versão sólida, lida pelas colegas do grupo de pesquisa; de "texto final", a versão revisada após minha leitura do rascunho, que você considera quase pronta para a banca. Vou descrever com calma como imagino as rodadas de leitura e quem deveria participar delas. Além disso, tente imaginar que tipo de texto você deve entregar a cada volta da rodada de leitura. Eu participarei de duas dessas voltas, mas certamente você ampliará as rodadas com outras colegas do grupo de pesquisa ou pessoas de sua confiança.

Para ter um rascunho, você escreveu e considerou seu texto pronto para a leitura por outras pessoas, o que significa que está bem organizado, que o argumento está estruturado e que há razoável legibilidade. O rascunho não se confunde com ideias soltas, com capítulos incompletos ou citações ainda por fazer. É um texto integral, para ser lido do início ao fim. Elementos pré-textuais, como capa ou resumo; ou pós-textuais, como referências bibliográficas completas, podem ainda estar faltando. O miolo do texto, no entanto, está completo. A instabilidade do primeiro rascunho se dá porque você vai conhecer as leitoras pela primeira vez, e precisa estar genuinamente aberta a seguir no que vem explorando, ou abandoná-lo por completo. Sim, há casos em que abandonamos o que escrevemos e reiniciamos. Essa é uma experiência que todas nós viveremos em algum momento de nossa escrita.

O rascunho precisa estar marcado em seu calendário muitos meses antes da entrega do texto final para a banca. É um texto que será revirado do avesso e, portanto, virá dele a experiência de escuta que mais demandará de você resiliência de trabalho e encantamento com o pensamento para (re)escrevê-lo. Você precisa ter desapego por ele para que as críticas a ajudem a pensar melhor. Se estiver na defensiva, as críticas lhe parecerão ofensas ou ameaças às suas ideias. Não é uma experiência fácil, sobretudo nos primeiros escritos. Mas você verá como se sentirá mais segura depois de escutar suas leitoras e retornar ao texto. Eu lerei seu rascunho, mas só depois de suas colegas de grupo o terem lido e oferecido edições – nas quais você também já tiver trabalhado. É como se houvesse um rascunho prévio que a fortalecesse nos argumentos e nas críticas antes de o rascunho chegar a mim. Por que isso? Porque aprendemos a pensar juntas no grupo de pesquisa – suas colegas me conhecem e sabem em quais elementos buscarei solidez em seu texto. Revisando seu texto antes de minha leitura, você poderá aproveitar melhor o que irei lhe dizer. Confie no poder do grupo para a crítica.

Há quem prefira escrever integralmente o miolo do trabalho antes de enviar para a primeira leitura; há quem prefira ir enviando capítulo a capítulo como fragmentos para a primeira leitura. Não há fórmula sobre qual estilo é mais produtivo para a escuta e a (re)escrita. Eu prefiro receber um rascunho completo do texto para evitar oferecer edições ou sugerir revisões de questões que você já planeja cobrir em outras partes do texto. Mas há quem se sinta solitária ou insegura na escrita, principalmente quanto a avançar no texto sem ter leitoras no processo. Novamente, o grupo de pesquisa pode ser um alento – suas colegas podem ser leitoras de capítulos, caso você considere útil a leitura parcial. Se prepare, no entanto, para escutar uma avalanche de críticas e recomendações de caminhos, alguns deles até mesmo distantes do que deseja perseguir. O texto fragmentado é um convite às leitoras para se imaginar escrevendo-o, isto é, como se fossem elas as autoras. Para algumas pessoas, a leitura de fragmentos do texto e a explosão de comentários das leitoras é combustível à criatividade; para outras, pode ter efeitos paralisantes. Conheça-se antes de escolher entre as rotas de escuta. Ou, quem sabe, experimente cada uma delas e veja qual melhor se adequa ao seu estilo de pensamento e escrita.

Quando escrevo livros ou artigos, só os compartilho em rodas de leitura quando tenho um rascunho sólido: o texto está completo do início ao fim, as referências bibliográficas estão no lugar e não há erros tolos de legibilidade. Assim fiz com esta carta quando a remeti ao grupo de pesquisa. Quando faço filmes, preciso de muitas rodadas de audiência com versões intermediárias da narrativa – é caótico e fascinante ao mesmo tempo. Escuto comentários díspares, muitas vezes a mesma crítica de várias pessoas. Diferentemente do texto escrito, na edição de filmes, a narrativa se transforma a cada novo rascunho – é preciso mais do que duas rodadas. Preciso confessar que, talvez, essa seja uma limitação por eu ser uma documentarista amadora. Meu limite é o calendário: a cada semana, uma nova edição, uma nova rodada de audiência até a data marcada para a finalização das versões. Nesse processo, um grupo de pessoas me acompanha, e sei que demando o tempo delas para me ajudar a pensar e avaliar o filme.

Na forma como convido você a vivenciar a prática acadêmica, as pessoas com quem fazemos o trabalho de campo e com quem conversamos para coletar dados empíricos são convidadas à leitura. O texto acadêmico é árduo para a leitura comum, por isso, um dos compromissos do grupo de pesquisa é escrever versões da monografia, da dissertação ou da tese para as pessoas com quem realizamos o trabalho de campo.[1] Elas são também convidadas a participar do dia da defesa, e, com a concordância das outras participantes da banca, peço que elas falem quando o rito formal estiver encerrado. Assim vem sendo com as orientandas que trabalham com as famílias de mulheres grávidas mortas pela pandemia de covid-19: elas contam a história de uma ou várias famílias, conversam com pessoas em luto, analisam arquivos familiares ou médicos e, no dia da defesa, as famílias estão presentes. É um encontro pouco usual no espaço acadêmico – um atravessamento de poderes e saberes. Mas também é um questionamento sobre para quem realizamos o ofício da pesquisa e da escrita acadêmicas.[2]

Nesse exercício de compartilhamento, há orientandas que resistem em fazê-lo: temem que as pessoas mudem de ideia, não gostem da escrita ou dos argumentos, inquietam-se

---

[1] São documentos curtos, com linguagem mais acessível que a acadêmica. Em geral, escrevemos documentos de uma ou duas páginas, além de um com perguntas e respostas.

[2] Assim também fiz com as pesquisas sobre sistema prisional ou unidades do sistema socioeducativo. Escrevi livros com outro gênero narrativo (Debora Diniz. *Cadeia: relatos sobre mulheres*. Rio de Janeiro: Civilização Brasileira, 2015) e em coautoria com internas (Debora Diniz; Talia. *Cartas de uma menina presa*. Ilustrações de Valentina Fraiz. Brasília: LetrasLivres, 2018).

com a ilusão de neutralidade e imparcialidade acadêmicas. Eu entendo suas angústias, pois a prática acadêmica ainda se imagina distante do mundo comum e pessoas de fora da universidade não são reconhecidas como legítimas interlocutoras. Não escrevemos ou fazemos pesquisa apenas para a banca de avaliação ou para nossas colegas da comunidade acadêmica – escrevemos para muitas pessoas, sobretudo para aquelas mais impactadas pela questão que investigamos. Peço que reflita sobre esse compromisso ético de transparência e compartilhamento como uma condição de possibilidade para participar de nosso grupo de pesquisa: nós não falamos apenas "sobre" os problemas do mundo ou das pessoas; precisamos também falar "com as pessoas".[3]

Há riscos, é verdade, nesse exercício de "falar com". Um deles é que nosso calendário é comprimido com outras pessoas envolvidas nas rodadas de leitura, ou com o fato de que outros produtos além do texto final precisam ser produzidos. O risco mais significativo, no entanto, é o de as pessoas com quem fizemos o trabalho de campo não gostarem de nosso texto, ou não se sentirem representadas por ele. Quando faço filmes, a escuta das personagens é encantadora e angustiante:

[3] A reflexão ética e política sobre o lugar de fala se consolidou no Brasil com os escritos de Djamila Ribeiro, *Lugar de fala*. São Paulo: Jandaíra, 2020. O paralelismo "falar com/falar sobre" foi explorado por Linda Alcoff. "O problema de falar por outras pessoas". Tradução de Vinícius Rodrigues Costa da Silva, Hilário Mariano dos Santos Zeferino e Ana Carolina Correia Santos das Chagas. *Abatirá: Revista de Ciências Humanas e Linguagens*, v. 1, jan.-jun., 2020, pp. 409-438.

o que será de meu filme se a personagem mudar de ideia e não mais autorizar a participação? Os termos de consentimento ou os procedimentos legais não resolvem a questão ética do desgosto de nossas narrativas. Se levamos a sério o que pensam as pessoas com poder de veto aos nossos textos ou produções acadêmicas e artísticas, é preciso também prever o risco de interromper o que poderia estar quase pronto.

Conto uma história. Quando coordenei a pesquisa sobre os manicômios judiciários no Brasil, visitamos todas as unidades ou alas prisionais de tratamento psiquiátrico para pessoas que haviam cometido algo fora da lei e que estavam em tratamento compulsório para saúde mental. Além da pesquisa censitária em arquivos, eu também queria fazer um documentário. Visitei muitas unidades até chegarmos a um acordo sobre filmar em Salvador. Foram meses de convivência para ligar a câmera sem precisar de segurança ao meu lado. Durante o processo de filmagem, um habitante da casa me procurou com um poema. Bubu era um homem jovem, escritor e leitor dentro e fora do manicômio.

O poema se chama "A casa dos mortos", título quase homônimo à obra de Fiódor Dostoiévski que Bubu lia na cela.[4] Eu busquei autorizações institucionais, legais, coletivas e individuais – em particular de Bubu – para fazer do poema o roteiro do filme. Trabalhamos juntos por meses; discutimos a montagem, escutei e considerei suas críticas.

---

[4] Fiódor Dostoiévski. *Memórias da casa dos mortos*. Tradução de: Oleg Almeida. São Paulo: Martin Claret, 2016. Para acompanhar Bubu lendo o poema, assista a: <www.youtube.com/watch?v=JPbMkuVwr-w>.

Com o filme finalizado e em circulação em festivais, Bubu me anunciou que havia mudado de ideia: não queria mais o poema no filme. Eu expliquei que não era possível interromper, pois o filme estava no mundo. Prometi a ele que passaria a dizer, a cada nova exibição, que ele havia mudado de ideia – e que assim faríamos em um festival em que participaríamos juntos. Mas ele resolveu mais uma vez autorizar o poema no filme, e eu sigo contando esse episódio.

Há quem desconsidere essa minha experiência por ser com uma pessoa descrita como "louca".[5] Mas não faça isso – se essas pessoas foram seriamente escutadas para decidir se aceitavam ou não participar do filme, cada uma delas teria que ser escutada caso mudasse de opinião. Assim será com sua escrita e sua relação com aqueles sobre quem escreve. Há pessoas com quem fazemos trabalho de campo que permanecem conosco por toda a vida, outras que preferem uma conversa e depois a distância. Em minha experiência etnográfica com as mulheres afetadas pela epidemia de zika, vivi as duas formas de relação: como ainda pesquiso "o tempo depois do fim da epidemia de zika", mantenho contato com muitas mulheres – como é caso de Alessandra Hora dos Santos, presidenta da associação de famílias afetadas por zika em Alagoas. Com outras, tive uma única conversa – como foi com Sophia Tezza, italiana cuja história de transmissão vertical do vírus zika na gravidez foi a primeira relatada na literatura médica.

[5] "Loucura" e "louca" são conceitos políticos do campo do abolicionismo psiquiátrico.

A ORIENTADORA, UMA EDITORA

Escrever, escutar as críticas, (re)escrever, pausar, voltar ao texto: essas são fases do que descrevo como "rodadas de leituras". Conte comigo para duas dessas voltas – a leitura do rascunho e do texto final. Em cada volta, meu papel será diferente. Na primeira, oferecerei muitas edições, direi até mesmo se há coisas promissoras ou nem tanto, oferecerei novas sugestões de leituras e de retorno aos dados de trabalho de campo. Na segunda, serei mais precisa e pontual, meu foco serão elementos frágeis da argumentação, que podem trazer incompreensões ao seu texto; e elementos que ainda não conseguiremos enfrentar nesse estágio da escrita ou da pesquisa. Caberá a você me escutar e decidir o que faz sentido ou não para o seu texto, mas eu preciso ser informada sobre o que você discordar e sobre suas razões. Há um pacto entre nós nas rodadas de leitura: eu sou uma leitora em quem você confia, e minhas edições deveriam ser consideradas – a não ser que você me mostre caminhos alternativos e que nós cheguemos a um acordo.

Eu não sou sua coautora, já falamos disso, nem sou responsável pelo seu texto, caso malfeitos estejam escondidos nele. Desculpe-me por falar disso novamente, é apenas para sermos honestas nesta relação. Como sua orientadora, meu dever é oferecer a melhor leitura e a crítica mais precisa – é a isso que me refiro quando falo de me portar como uma editora de seu texto. Ao mesmo tempo que meu poder de intromissão no seu texto é grande, ele deve ser também limitado, pois a autora é você. O que peço é que falemos de nossas discordâncias. Em minha experiência, o que pode parecer desacordo inconciliável é, muitas vezes, apenas uma forma de expressar ou de abordar uma determinada questão. Por que insisto na transparência sobre o que será ou não incorporado por você nas rodadas de leitura? Porque na cena da defesa eu estarei ao seu lado para sustentar o seu texto, portanto, assim como você, eu preciso estar familiarizada e conectada aos argumentos. A banca é um momento do ritual em que estaremos juntas.

Mas como eu ofereço a crítica ao seu rascunho e ao seu texto final? No passado, eu lia os textos de minhas orientandas com a ferramenta "marcas de revisão". Os originais retornavam com dezenas, senão centenas de marcas. Eu me preocupava com as cores, evitava o vermelho, mas a estética não resolvia a aflição que elas viviam. Passei a escutá-las sobre como o colorido do texto e os comentários as perturbavam: era como uma experiência de despossessão de algo tão íntimo delas. Eu passei a não mais intervir nas palavras de minhas orientandas: leio e gravo, mando longos áudios, sigo as páginas como se estivesse em um encontro num café, faço elogios, indico com objetividade as fragilidades e sugiro novas leituras.[6] Peço que elas me respondam por escrito – a escrita é um exercício que deve ser treinado até mesmo em nossos diálogos. A troca de cartas – orais do meu lado, escritas do seu – se mostrou um alento para acalmar o impacto de

---

[6] Tenho orientandas em todo o país: a ilusão de que estaríamos em um mesmo espaço físico alterou as formas de comunicação. Acho que foi um aprendizado da pandemia que precisa ser aperfeiçoado para ampliar a participação geográfica de estudantes e a descentralização do conhecimento.

minhas edições e para atenuar a agonia causada pela crítica. A fase de revisão de texto para garantir legibilidade e coerência discursiva vem depois das rodadas da leitura e ocorre antes da entrega do texto para a banca. Há quem me pergunte se essa fase não deveria ser depois da banca: a escolha é sua, mas eu recomendo que seja antes da fase de avaliação, pois você não quer a banca descrevendo em público os erros de ortografia e de concordância de seu texto. Depois da banca e de sua redação final, vale mais uma rodada com uma revisora.

Há quem descreva as rodadas de leitura como experiências angustiantes. Eu tento entender essa reação. Por um lado, são exercícios de espera, de escuta e, de alguma maneira, de julgamento. Mas acredito que haja um outro lado desse relato de angústia. Somos mal treinadas para a crítica. Tomamos a crítica ao texto como se fosse uma crítica moral a nós, como pessoas. Entenda-as de maneira diferente. As rodadas de leitura são experiências de aprendizado e imersão – há ainda tempo para revisar e não há texto finalizado em uma única versão. Erroneamente, assimilamos que a boa recepção de um rascunho é medida pela ausência de correções ou comentários – como se ainda estivéssemos na escola, entregando uma redação à professora para a nota; ou no vestibular, em que pontuações altíssimas na redação do ENEM viram notícias nacionais. Seu rascunho não é uma prova para nota. É um rascunho, um texto provisório, porém, bem constituído e que poderá ser modificado ou extensamente revisto. Você não compete com ninguém, essa é uma jornada no seu ritmo.

Veja como essa angústia pela crítica é um afeto que opera contra nós mesmas: quanto mais edições você receber nas rodadas de leitura, seja de mim ou de sua comunidade de leitoras, melhor. Seu texto sairá mais sólido para novas leitoras. E, mesmo que não goste da ideia, você está sob avaliação, ou melhor, ser uma autora é estar sob a crítica de nossas leitoras. No seu caso, a ideia de avaliação é mais evidente pelo ritual acadêmico. Ao final do calendário, haverá uma banca que avaliará se o seu texto será aprovado ou reprovado. O julgamento da banca é independente, e nós não temos como influenciá-la. Certamente, convidaremos leitoras sensíveis ao seu tema e, não suspire, algumas delas talvez conheçam o tema ainda mais do que nós – o que será fascinante. É um privilégio ter leitoras preparadas e capacitadas se debruçando sobre nossos bordados recém-finalizados. Elas farão leituras originais e provocativas de seu texto, esteja segura.

AS APRESENTAÇÕES

O seu texto está pronto para ser enviado à banca. Você está de olho no calendário e a banca o receberá no prazo acordado. Prometa que não irá se atrasar – lembre-se de que suas primeiras leitoras são as pessoas que a avaliarão, e ter pouco tempo para a leitura reduzirá as chances de aproximação cuidadosa de seu texto. Além disso, um atraso pode ser tomado como um sinal de desrespeito ao calendário de outras pessoas. Em um passado recente, as pessoas solicitavam cópias impressas dos textos, e algumas vezes era preciso enviá-las pelo correio – eram centenas de páginas impressas de um texto provisório que, depois da defesa, seria editado. Hoje, quase todas as bancas aceitam o texto em formato digital. É um gesto de respeito ao meio ambiente e que oferece agilidade na reta final de seu calendário. Seu texto será enviado com uma mensagem formal de encaminhamento e, em caso de dúvida sobre como escrevê-la, converse comigo ou consulte um aplicativo de inteligência artificial para desenhá-la.

Não sei se as conversas entre as orientandas mudaram, mas não tenho lembranças de pessoas conversando sobre como comportar-se na defesa. Pense nesse dia como se fosse participar de um ritual: a finalização e o acabamento de seu texto, o convite às pessoas da banca, o registro da banca no seu curso, a aprovação da banca e a produção das atas, a reserva de sala, a divulgação do evento, as suas convidadas, a apresentação oral, a arguição da banca, as suas respostas, a deliberação e a sua aprovação. Algumas semanas depois, você receberá seu título de graduada, mestra ou doutora em sua área. Um detalhe histórico: quando terminei meu doutorado em antropologia, na virada para este século, meu diploma dizia "doutor". Não havia gênero para a titulação – e, como vimos na escrita e na leitura desta carta, registrar doutora, pesquisadora ou autora nos comunica algo diferente. Pois bem, foi preciso uma lei federal para que se permitisse que os títulos fossem declinados no gênero de preferência das pessoas. Isso é gramaticalmente apropriado e eticamente simbólico.

Você estudou com muitas professoras, conheceu outras tantas em congressos e seminários. Você leu muitas autoras e as admira pelas ideias. Quem convidar para estar na sua banca? Novamente, retorne ao regimento do seu curso e tenha as regras como parâmetros. Muitos cursos determinam que, para o mestrado, são duas arguidoras e a orientadora, e, para o doutorado, quatro arguidoras e a orientadora. Há também expectativas de que algumas arguidoras sejam do seu próprio programa e outras, externas a ele, ou mesmo externas à sua universidade. Faça sua lista de potenciais pessoas, mas considere conhecê-las em bancas – as pessoas são diferentes em sala de aula, na escrita e na arguição. Conheça-as nesse lugar do ritual. Separe alguns poucos nomes e investigue como elas se relacionam comigo: se trabalhamos juntas, se citamos umas às outras em nossos trabalhos, se eu participei de bancas de alunas delas. Converse com suas colegas do grupo de pesquisa. Com uma lista de potenciais nomes, podemos conversar e enviar os convites e, se essas pessoas aceitarem, você lhes enviará uma cópia do seu texto. Entre o envio do texto e o dia da defesa, nós conversaremos sobre sua apresentação oral.

Eu contei o dissabor de minha defesa de mestrado. Não tenho mais as anotações desse dia, apesar de ter anotado cada pergunta. Mas não as arquivei, infelizmente. Faltava-me uma reflexão sobre construir fragmentos para a memória daquele momento. Não sei mais o que os outros arguidores disseram – tenho luzes desbotadas de lembrança. Não houve trauma, longe disso. Só não houve contentamento, e não tenho registros para reconstruir outra história em mim. Por isso, aconselho que você tome notas de suas apresentações públicas que sejam significativas para o seu texto – seminários, discussões no grupo de estudo, ou mesmo o dia da defesa. Enquanto escrevo esta carta, finalizei o documentário *uma mulher comum* e fiz a primeira apresentação acadêmica pública. Além de anotar o que me perguntaram, eu também distribuí papéis para que a audiência escrevesse perguntas que, talvez, não quisesse fazê-las em público. Foi uma experiência fascinante reler as notas e passear pelos papeizinhos das perguntas.

Qual o meu papel de orientadora na banca de defesa? Eu abro as atividades, acompanho o seu tempo de apresentação e o das arguidoras. Eu recomendo que você escute as arguidoras em pares, ou seja: na banca de mestrado, você escuta todas as arguidoras e, então, responde; na banca de doutorado, faremos blocos de perguntas e respostas. Isso lhe ajudará a organizar as ideias, a sentir tendências de leitura e percepção do texto. Você deve tentar responder às perguntas que lhe forem feitas. O que forem comentários ou divagações, só tome notas, mas não retorne a eles. Caberá a mim, ao final de todas as arguições e de suas respostas, fazer comentários finais. Em geral, eles são sobre o que ouvimos juntas, sobre detalhes aos quais minha voz pode se somar à sua, sobre a relevância de seu texto e seus méritos como pesquisadora. E, num caso extremo em que algo deselegante venha a acontecer, é meu dever enfrentar o mal-entendido da cena. Por isso, fique tranquila: os maus modos acadêmicos não terão espaço nesse momento tão significativo para você.[7]

[7] Houve um tempo em que eu recomendava às orientandas não convidar a família para as sessões de defesa de mestrado ou de doutorado. Hoje, me refaço no conselho: quem fizer bem a você deve estar presente. O que preciso é que explique como funciona o ritual às pessoas convidadas – nenhuma delas está autorizada a falar até que a sessão termine, nem mesmo sua avó.

Eu fiz muitas apresentações públicas, em locais diversos e para as audiências mais variadas: de congressos acadêmicos a presídios, da Suprema Corte a assentamentos rurais. Acho que, onde você imaginar um espaço com pessoas que se juntem, eu talvez tenha feito uma conversa sobre ideias, livros ou filmes. Em cada lugar, e com cada grupo de pessoas, eu escutei coisas que não havia pensado, ajeitei-me melhor nas ideias e recebi muita amorosidade em troca. A cena de meu mestrado é um resquício dos maus modos acadêmicos, mas ela não será a regra em suas experiências de apresentações públicas. As pessoas são gentis, lembre-se disso. É nosso viés de percepção que guarda as experiências ruins com maior presença na nossa memória afetiva. Assim foi comigo e sei, hoje, que é um erro contar a história da defesa de mestrado dessa maneira – eu fui aprovada, algumas pessoas gostaram do texto e, por ser mestra, pude ingressar no doutorado e concluir minha formação acadêmica. Há outros fragmentos daquele evento para contar a minha própria história, como faço agora com você.

Há quem diga que fala em público com a memória e a retórica espontâneas. Eu não consigo, e recomendaria que, ao menos em suas experiências iniciais, não faça isso. Prepare um texto, ou, no mínimo, notas detalhadas antes de cada apresentação pública. Se lhe oferecerem um título para o evento, reflita sobre ele e, se achar adequado, peça ajustes para melhor dialogar com suas ideias. Prepare-se com certa antecedência para que tenha tempo de revisar nos dias mais próximos da apresentação. Um exercício para conhecer sua desinibição em apresentações públicas é gravar sua apresentação, testando o tempo e o ritmo. Escute-se na gravação – será estranho, eu sei, mas proveitoso, sobretudo se for apresentar em outro idioma. Se puder, peça que colegas de seu grupo de pesquisa leiam seu texto ou suas notas, ou que façam um treinamento com você antes da apresentação. Para esses momentos, suas colegas do grupo serão mais úteis do que eu. Não conseguirei acompanhar muitas de suas apresentações, nem ler todas as suas notas para elas. Mas torcerei por você, e adorarei ouvir seus aprendizados em nossas reuniões do grupo de pesquisa.

A sua trajetória de iniciação à pesquisa e à escrita não termina com a defesa. Você deve tentar publicar trechos do texto final em formato de artigos ou capítulos de livros.[8] Cada vez mais, a comunicação acadêmica circula por artigos: são breves, ágeis na circulação e permitem maior alcance de pessoas. Conheça o sistema de classificação de periódicos de sua área disciplinar e converse comigo, e com o grupo de pesquisa, sobre quais periódicos seriam mais adequados para o seu futuro texto.[9] Retome mais uma vez o regimento de

---

[8] Depois da defesa, você terá que tomar para si uma nova dose de planejamento para publicar partes de seu texto. Em uma banquinha, discuti sobre esse planejamento: *Como se organizar para publicar?*. Disponível em: <www.youtube.com/watch?v=ACN2lSUcY3o>.

[9] Cada área possui uma listagem de periódicos acadêmicos classificados por estratificação (A, B, C) e níveis (1 a 4). Há uma fixação acadêmica por publicar apenas nos periódicos A1, mas seja crítica a essa expectativa. Cada texto pede uma determinada circulação e, portanto, um periódico específico que pode ser classificado como B pode ser o mais adequado ao seu texto. Antes de iniciar a escrita de um artigo, você deve ter decidido para onde o submeterá para avaliação. Não faça ao revés – escrever e depois decidir onde publicar. Cada periódico possui uma linha editorial, regras de normalização

seu programa de pós-graduação e conheça as expectativas de publicação e de coautoria com orientadoras – para algumas áreas, e para os sistemas de avaliação de notas dos programas de pós-graduação, a coautoria entre orientadora e orientanda é bem-vinda. Como disse, não há um salto natural do texto da defesa para o texto de um artigo: um novo ciclo de escrita ou (re)escrita se inicia. Conversaremos sobre isso, inclusive sobre como trabalharmos ainda mais coletivamente com outras participantes do grupo de pesquisa.

A CRÍTICA E A ESCUTA

Patricia Kingori, uma colega, me contou que todas as semanas escreve sobre algo que a inspirou. Pode ser um poema ou um texto acadêmico, um filme ou um livro teórico. Nas redes sociais, ela escreve algumas linhas sobre a inspiração direcionada à autora. Embora sem a regularidade semanal, eu também faço isso – e me senti inspirada a fazê-lo seriamente depois de escutá-la. Muitas pessoas também fazem isso cotidianamente comigo: livros antigos, como *O que é deficiência?*[10] ou mais recentes, como *Esperança feminista*, são temas de postagens e vídeos nas redes sociais. Quando cruzo com essas leitoras, eu as procuro e agradeço pela leitura e por terem contado a outras pessoas sobre o que leram. Em geral,

---

bibliográfica ou extensão do artigo. Evite as revistas predatórias, isto é, aquelas que apenas buscam extorquir dinheiro para publicação.

10 Debora Diniz. *O que é deficiência*. São Paulo: Brasiliense, 2007.

as pessoas são generosas e emprestam seus testemunhos de leitura para ampliar o alcance de nossos textos. Você verá que esta é uma experiência maravilhosa – a de conhecer o rosto e a voz de suas leitoras. E não se confunda: essas pessoas serão mais numerosas do que aquelas que oferecerão críticas ásperas e desrespeitosas aos seus textos.

Há quem diga que há crítica construtiva ou destrutiva; crítica positiva ou negativa. Eu não faço uso desse vocabulário. Prefiro dizer que há quem goste de nossos escritos e os ache importantes para o pensamento; e há quem os ache desimportantes. Há ainda os que sabem expressar a crítica com bons modos, e uns poucos, com maus modos. Nunca teremos a unanimidade da audiência. É simplesmente porque pensamos diferente, e há leitoras que discordarão do que argumentamos ou de como escrevemos. A diversidade de argumentos razoáveis é importante para movimentar o pensamento acadêmico – o que devemos rejeitar, porém, é a agressividade e a intolerância discursiva.

Precisamos da crítica. Eu, particularmente, preciso escutar para pensar melhor e solucionar questões argumentativas ou de escrita que me parecem bem resolvidas, mas que não estão. Sem as leitoras, o monólogo que construo entre ideias e palavras não se aperfeiçoa. O que aprendi com essa experiência permanente de escuta foi a filtrar quem me convoca: não são todas as críticas que me movem. Eu recebo todas, registro-as em meu caderno vaga-lumes, mas nem tudo o que me dizem drena minha energia criativa para a edição. A entrada de alguém em nosso texto para editá-lo é fruto de um gesto de confiança que depositamos na leitora – assim espero que você se relacione com minhas edições. Mas não são todas as pessoas em que depositamos a confiança para rever nossas palavras e nossos argumentos.

Já recebi críticas ásperas. Na verdade, tenho até dúvidas se deveria usar o nome "críticas" para algumas interjeições que ouvi – "não gostei", "isso é ridículo", "você não entendeu", entre outras que você também ouvirá. Há uma expressão que muitas de nós ouvirão em interlocuções acadêmicas: "Eu senti falta de..." Eu sei que algumas pessoas repetem essa frase quase como uma interjeição vazia, e é isso que ela é: vazia de sentido. Precisamos, como leitoras e editoras dos textos de outras pessoas, ser precisas no que oferecemos como comentários. Há um aprendizado em ser uma leitora que oferece críticas, em ser uma editora. O que dizemos para a outra pessoa não é sobre nós, mas sobre o texto dela – e precisamos oferecer algo que seja útil para ela. Acho até que deveríamos pensar a relação de leitura crítica do texto de outra pessoa como uma relação de solidariedade e proteção – honestidade e cuidado ampliam as chances de a pessoa nos escutar.

Há críticas que nos entristecem e até adoecem, seja porque elas são ditas de maneira bruta ou vulgar – sem qualquer intenção de nos ajudar a pensar –, seja porque não somos ainda capazes de enfrentar a magnitude do que ainda teremos tempo para pensar e criar. Se, por um lado, é preciso filtro para que nem tudo nos interpele como crítica, por outro, é também preciso autoconhecimento para saber que escutamos críticas sinceras e válidas, porém, que no tempo de nossa escrita não há como solucioná-las. Penso que é preciso um misto de altivez e humildade com o que escutamos – altivez para ignorar ofensas, humildade para retornar e reconhecer que escreveremos o possível para cada instante de nossa trajetória acadêmica. Não é fácil discernir a fronteira entre a crítica que nos move a pensar melhor e a crítica que nos silencia ou paralisa. O coletivo nos ajuda a pensar melhor. Por isso, quando tiver dúvidas sobre o que escutou e como se reorganizar, compartilhe suas dúvidas comigo e com as colegas do grupo de pesquisa.

OS ENCONTROS

Esta é uma carta de uma orientadora para futuras orientandas. Como disse, sou eu quem a escrevo, mas muitas se apropriarão dela e darão outras texturas, cores e outros pontos no bordado. Meu desejo é que nosso encontro não se resuma a nós duas – quanto mais plural ele for, melhor pensaremos, mais fortes seremos e mais nossa criatividade extravasará os limites das perguntas já feitas.[1] Por isso, espero que esta carta a tenha inspirado a pensar a trajetória acadêmica como feita de múltiplos encontros: entre nós duas; o nosso com o grupo de pesquisa; o de todas nós com outras pesquisadoras. Desacredite das fronteiras do conhecimento ou das disciplinas – busque uma dose de indisciplina acadêmica. Inspire-se nas

[1] Paulo Freire tem um trechinho sobre a pedagogia da pergunta que vale explorar para pensar como sair dos ciclos das antigas ou falsas perguntas: Paulo Freire e Antonio Faundez, *Por uma pedagogia da pergunta*. São Paulo: Paz & Terra, 2013, p. 65. Em *Esperança feminista*, no verbo "perguntar", Ivone Gebara e eu exploramos como o espanto, o assombro e a pergunta caminham juntos na pesquisa acadêmica.

artes, na literatura, no teatro e no cinema. Escute as pessoas nas esquinas, e não só nas salas de aulas e nos seminários acadêmicos. Circule os encontros e os conhecimentos, sempre no plural.

Faremos esses percursos pelas fronteiras do conhecimento acadêmico e entre as disciplinas para também nos desorientarmos juntas. Não espere que eu tenha todas as respostas às suas perguntas; muitas delas iremos explorar juntas. A desorientação é um estado criativo para a pesquisa e para a escrita acadêmica. É certo que se desorientar será temporário em nós – tomaremos a experiência como estados transitórios entre aprender e descobrir. Não iremos habitar por muito tempo a desorientação, tampouco iremos fugir dela – nem sempre saberemos por onde ir. Exploraremos novas formas de fazer e aprender, e ouviremos pessoas diferentes em locais distantes dos nossos. É também na desorientação que nos encontraremos. Você e eu saberemos quando estivermos desorientadas, será como atravessar uma ponte frágil para a busca de novos caminhos.

Seja bem-vinda. Nós nos conheceremos em breve, e espero que esta carta a ajude nos encontros que viverá em sua trajetória acadêmica, seja comigo ou com muitas outras pessoas. Retomo o que lhe disse no início, sobre uma orientadora ser uma escutadeira, uma acompanhante e uma editora. Acredito que cada um desses lugares e jeitos de nos encontrarmos estejam mais nítidos para você. Queria terminar com a promessa de que podemos nos manter próximas na companhia, mesmo depois dos títulos e dos ritos. O cultivo da relação de acompanhante pode ser permanente ou esporádico – o importante é que nossa companhia não precisa ter o calendário de seu texto ou seus títulos como prazo de validade. Começamos nosso encontro com essa relação única de orientadora e orientanda, mas continuaremos na horizontalidade das relações que se escutam mutuamente, pois ser uma boa escutadeira é ser alguém curiosa para a vida e para a ciência.

Orientar alunas é parte do meu ofício como professora. Eu poderia resumir meu papel de orientadora como um dever, mas prefiro descrevê-lo como uma exploração encantadora. A abstração desta carta somente fará sentido ao conhecer você, ao escutar suas ideias e ler seus textos. Quando tiver dúvidas sobre o nosso encontro, volte a esta carta, me conte sobre partes que ainda não fui capaz de imaginar que precisariam ser ditas. Quero ouvi-la e aprender com você. Seremos, a partir de agora, um par em uma comunidade – você e eu, nós e o grupo de pesquisa. Como uma novela em cadeia, esta carta terá outras vozes e histórias.

Não desacredite do poder do conhecimento acadêmico – se é certo que nosso ofício é uma entre muitas formas de produzir saberes e respostas provisórias aos problemas, a ciência é um espaço de poder que precisa ser ocupado por pessoas comprometidas com os valores do bem viver e da justiça. Você não precisa seguir uma carreira acadêmica, ser formalmente uma pesquisadora ou professora para se manter com o espírito inquieto da dúvida e da pesquisa. Precisamos de pessoas em diferentes espaços de promoção da cidadania e dos direitos humanos com o comprometimento acadêmico de rigor da pesquisa, de confiabilidade da palavra, de difusão da ciência. Tome cada pedacinho desta carta – os calendários, os cadernos, as técnicas e os métodos de leitura, pesquisa e escrita – como formas de exercitar o pensamento onde você vier a utilizá-lo como forma de vida. Eu estarei, perto ou longe, acompanhando-a.

QUEM SOU

Sou uma (in)disciplinada acadêmica, pois desacredito das fronteiras entre os campos. Formei-me em ciências sociais e me encanto com a etnografia de qualquer tipo: o trabalho de campo com um caderno de notas ou um gravador, com uma câmera na mão ou uma observação atenta. Sou doutora em antropologia e professora na Faculdade de Direito da Universidade de Brasília por conta de uma das histórias mais encantadoras de minha trajetória acadêmica: ali cheguei por um convite de estudantes. Meu trabalho no campo da pesquisa e no litígio judicial me fizeram professora de metodologia da pesquisa. Ensino e pesquiso questões relacionadas à justiça de gênero, à saúde pública, à bioética, ao aborto e às emergências sanitárias. Escrevi livros e artigos, fiz filmes. Eu adoro orientar e estou sempre às voltas com novas pesquisadoras para descobrir o que ainda preciso aprender. Acompanhei o trabalho acadêmico de mais de cento e cinquenta pesquisadoras. Nos domingos da pandemia de covid-19, milhares de pessoas acompanharam o curso de extensão on-line sobre metodologia, escrita e pesquisa que ofereci pela Universidade de Brasília (o projeto da Banquinha). Os vídeos somam mais de um milhão de visualizações no YouTube. Fui pesquisadora visitante em Berkeley, Berlim, Michigan, Leeds, Leiden, Nova York, Tóquio, Toronto e Paris; da Universidade de Ottawa (Canadá) recebi o título de doutora *honoris causa* (2024). Com alegria, recebi mais de cem prêmios por pesquisa, filmes e livros, como o Dan David Prize (pelo conjunto da obra acadêmica em igualdade de gênero), o Prêmio Jabuti (*Zika, do sertão nordestino à ameaça global*) e o Prêmio Pierre Verger (pelos filmes *Uma história Severina* e *A casa dos mortos*).[1] Este livro foi escrito durante minha estadia no Centro de Altos Estudos de Berlim, Alemanha, ao qual agradeço pelo acolhimento (2023/2024).

[1] Debora Diniz. *Zika, do sertão nordestino à ameaça global*. Rio de Janeiro: Civilização Brasileira, 2017. *Uma história Severina*. Direção: Debora Diniz, Eliane Brum. Brasília: ImagensLivres, 2004 (24 min). Disponível em: <www.youtube.com/watch?v=65Ab38kWFhE>. *A casa dos mortos*. Direção: Debora Diniz. Brasília: ImagensLivres, 2008 (23min58s). Disponível em: <www.youtube.com/watch?v=noZXWFxdtNI>.